Teubner Studienbücher

Biologie

Dzwillo: **Prinzipien der Evolution**
148 Seiten. DM 26,80

Françon: **Physik für Biologen, Chemiker und Geologen**
Band 1: 208 Seiten. DM 19,80
Band 2: 171 Seiten. DM 18,80

Röhler: **Biologische Kybernetik**
Regelungsvorgänge in Organismen. 180 Seiten. DM 22,80

Skrzipek: **Praktikum der Verhaltenskunde**
220 Seiten. DM 25,80

Vangerow: **Grundriß der Paläontologie**
132 Seiten. DM 18,80

Wynn: **Struktur und Funktion von Enzymen**
102 Seiten. DM 15,80

Physik

Bourne/Kendall: **Vektoranalysis**
227 Seiten. DM 19,80

Daniel: **Beschleuniger**
215 Seiten. DM 25,80

Großmann: **Mathematischer Einführungskurs für die Physik**
2. Aufl. 263 Seiten. DM 25,80

Heber/Weber: **Grundlagen der Quantenphysik**
Band 1: Quantenmechanik. VI, 158 Seiten. DM 18,80
Band 2: Quantenfeldtheorie. VI, 178 Seiten. DM 19,80

Kamke/Krämer: **Physikalische Grundlagen der Maßeinheiten**
Mit einem Anhang über Fehlerrechnung. 218 Seiten. DM 19,80

Kneubühl: **Repetitorium der Physik**
XVI, 632 Seiten. DM 29,–

Lautz: **Elektromagnetische Felder**
2. Aufl. 184 Seiten. DM 25,80

Lohrmann: **Hochenergiephysik**
196 Seiten. DM 26,80

Mayer-Kuckuk: **Atomphysik**
Eine Einführung. 232 Seiten. DM 26,80

Mayer-Kuckuk: **Physik der Atomkerne**
Eine Einführung. 2. Aufl. 288 Seiten. DM 25,80

Walcher: **Praktikum der Physik**
3. Aufl. 378 Seiten. DM 25,80

Wiesemann: **Einführung in die Gaselektronik**
Grundlagen der Elektrizitätsleitung in Gasen
282 Seiten. DM 25,80

Fortsetzung auf der letzten Textseite

Teubner Studienbücher der Biologie

C. H. Wynn
Struktur und Funktion von Enzymen

Studienbücher der Biologie

Herausgegeben von
Prof. Dr. H. Stieve, Jülich, und Dr. E. Hildebrand, Jülich

Die Studienbücher der Reihe Biologie sollen in Form einzelner Bausteine grundlegende und weiterführende Themen aus allen Gebieten der Biologie umfassen. Daneben werden auch die übrigen Naturwissenschaften in einem Maße berücksichtigt, wie sie für den Umgang mit den Denk- und Arbeitsmethoden der Biologie notwendig erscheinen. Die Bände der Reihe sind wegen ihrer studienbezogenen Konzeption besonders zum Gebrauch neben Vorlesungen oder auch anstelle von Vorlesungen sowie zur Fortbildung der Lehrer geeignet. Für den Studierenden der Mathematik, Physik oder Chemie, der an biologischen Problemen interessiert ist, bietet die Reihe die Möglichkeit, sich an exemplarisch ausgewählten Themengruppen in die Biologie einführen zu lassen.

Struktur und Funktion von Enzymen

Von Colin Hayden Wynn, Ph. D.
Senior Lecturer an der Universität Manchester

Aus dem Englischen übersetzt von
Prof. Dr. Hans-Joachim Reisener
und Dr. Gerd Hänßler
Technische Hochschule Aachen

Mit 32 Abbildungen

 B. G. Teubner Stuttgart 1978

Colin Hayden Wynn

Geboren 1934. Von 1951 bis 1954 Studium am University College of Swansea mit Abschluß B. Sc. Von 1954 bis 1957 Forschungsassistent der „British Empire Cancer Campaign" am Department of Physiology, University College of South Wales and Monmouthshire, Cardiff. 1957 Promotion (Ph. D. University of Wales), von 1957 bis 1959 Demonstrator in Physiology, University of Manchester. Seit 1959 Assistant Lecturer, Lecturer und seit 1968 Senior Lecturer in Biochemistry, University of Manchester

CIP-Kurztitelaufnahme der Deutschen Bibliothek

Wynn, Colin Hayden:
Struktur und Funktion von Enzymen. — 1. Aufl. —
Stuttgart : Teubner, 1978.
  (Teubner-Studienbücher : Biologie)
  Einheitssacht.: The structure and function of
  enzymes ⟨dt.⟩
  ISBN 978-3-519-03605-0   ISBN 978-3-322-94730-7 (eBook)
  DOI 10.1007/978-3-322-94730-7

Umschlaggestaltung: W. Koch, Sindelfingen

Vorwort der Herausgeber

Nahezu alle im Organismus ablaufenden chemischen Reaktionen werden
von Enzymen in Gang gebracht und kontrolliert. Enzyme katalysieren
den Abbau der Nahrungsstoffe, die kontrollierte Freisetzung und
Nutzung der gespeicherten chemischen Energie, die Synthese von
Makromolekülen und zahlreiche andere für das Leben charakteristische Prozesse, wie Wachstum und Zellteilung, Muskelkontraktion
und Transportvorgänge. Einige Enzyme steuern die Aktivität anderer.

Enzyme setzen die Aktivierungsenergie chemischer Reaktionen herab
und ermöglichen dadurch ihren raschen Ablauf bei physiologischen
Temperaturen. Viele Enzyme bestehen aus einem Proteinanteil und
einem Coenzym. Sie besitzen eine hohe Substrat- und Wirkungsspe-
zifität, die bei einer Vielzahl gleichzeitig vorhandener Enzyme
den geordneten Ablauf der biochemischen Prozesse im Organismus ge-
währleisten. Die Steuerbarkeit der sogenannten allosterischen
Enzyme ermöglicht eine auf die Funktion abgestimmte Regulierung
der chemischen Produktion. Ihr Verständnis scheint ein Schlüssel
zu sein zu dem, was eine Zelle bzw. einen Organismus zu einem
funktionierenden Ganzen macht.

Die Enzymologie, die sich insbesondere mit der Aufklärung der
Struktur und des Funktionsmechanismus von Enzymen befaßt, ist ein
wichtiger Teil der Biochemie. Die Kenntnis enzymatischer Reaktionen ist für die Arbeit auf allen Teilgebieten der Physiologie
unerläßlich.

Dieses Studienbuch behandelt in äußerst straffer Form und - wie
wir meinen - in didaktisch hervorragender Weise an ausgewählten
Beispielen die wesentlichen strukturellen und funktionellen
Aspekte der Enzymologie. Es ist in erster Linie als Einführung
für Studierende der Biologie konzipiert, dürfte jedoch außerdem
als ergänzende Studienliteratur von benachbarten Fachrichtungen
begrüßt werden und dem Kursunterricht an Höheren Schulen wert-
volle Anregungen liefern. Die Kenntnis enzymatischer Mechanismen
ist von großer Wichtigkeit für das allgemeine Verständnis der

Lebensprozesse; sie gehört zu den grundlegenden Voraussetzungen für die Arbeit auf den Gebieten der Pharmakologie und Toxikologie und bekommt zunehmende Bedeutung für die chemische Industrie und Lebensmittelverarbeitung.

Wir möchten an dieser Stelle den Herren Prof. Dr. H.J. Reisener und Dr. G. Hänßler für ihre freundliche Bereitschaft, dieses Buch ins Deutsche zu übersetzen und um ein nützliches Sachverzeichnis zu ergänzen, sehr herzlich danken.

Jülich, im Sommer 1978   H. Stieve und E. Hildebrand

Vorwort des Verfassers

Es ist kein unvernünftiges Bestreben, alle biologischen Phänomene
mit chemischen und physikalischen Gesetzmäßigkeiten zu erklären.
Dieses Bändchen soll die Art und Weise der ablaufenden Reaktionen
und die Katalyse solcher Reaktionen auf einer derartigen Grundlage darstellen. Verschiedene Enzyme wurden ausführlich behandelt,
und es wurde der Versuch gemacht, eine Beziehung zwischen der
Struktur des Enzyms und dem Mechanismus der Katalyse herzustellen.
Wenn auch unser Verständnis von den Mechanismen der Enzymkatalyse
in letzter Zeit zugenommen hat und bei einigen Systemen eine Zu-
ordnung von Struktur und Funktion bereits möglich ist, bleibt zu
hoffen, daß dieses Bändchen für andere einen Anreiz zum Weiter-
arbeiten bietet. Das Endziel solcher Arbeit ist eine vollständige
chemische Beschreibung der Zelle.

Manchester, 1973   C.H. Wynn

Inhalt

1. Enzyme als chemische Katalysatoren

1.1 Die Notwendigkeit der Katalyse

In einer lebenden Zelle laufen zahlreiche chemische Reaktionen ab.
Sie unterscheiden sich von ähnlichen Reaktionen in einer unbeleb-
ten Umgebung durch ihre bedeutend höheren Geschwindigkeiten. Ein
bekanntes Beispiel hierfür ist die Kontraktion eines Muskels. Bei
dieser wird eine enorme Energiemenge verbraucht, die innerhalb
einer extrem kurzen Zeit zur Verfügung gestellt werden muß. Die
Erhöhung der Reaktionsgeschwindigkeit kann man nur dadurch erklären, daß man die Existenz von Katalysatoren postuliert. Da Katalysatoren bei vielen industriellen Prozessen verwendet werden,
wurden ihre Eigenschaften gründlich erforscht. In dem speziellen
Fall der Katalysatoren biologischen Ursprungs spricht man von
"Enzymen". Dieser Ausdruck, der soviel wie "in Hefe vorkommend"
heißt, deutet an, daß ein großer Teil unserer Kenntnisse über die
Enzyme bei Untersuchungen an Hefen oder anderen Mikroorganismen
gewonnen wurde. Enzyme können definiert werden als Moleküle biologischen Ursprungs, die die Geschwindigkeit spezifischer Reaktionen erhöhen, ohne die Lage des Gleichgewichts zu verschieben.
Sie können nach Beendigung der Reaktion unverändert aus dem Versuchsansatz zurückgewonnen werden.

Eine weitere wesentliche Eigenschaft der Enzyme besteht darin,
daß ihre Konzentration die Reaktionsgeschwindigkeit beeinflußt.
Also kann über eine Veränderung der Enzymkonzentration eine subtile Kontrolle des Stoffwechselgeschehens vorgenommen werden.
Darüberhinaus kann aber auch bei konstanter Enzymkonzentration
die katalytische Potenz der Enzyme reguliert werden. So liegen in
einem Muskel während der Kontraktion und der Entspannung die gleichen Enzyme und Enzymkonzentrationen vor; dennoch laufen während
dieser beiden Phasen der Muskelaktivität sehr unterschiedliche
Reaktionen ab.

Schon aus den ältesten Überlieferungen geht hervor, daß die Menschen sich die Eigenschaften von Enzymen bei der Herstellung von

Alkohol und Käse zunutze machten. Diese Prozesse waren zunächst mehr dem Zufall überlassen und verliefen unkontrolliert. Es ist aber sehr wahrscheinlich, daß man schon bald die Bedeutung der Wärme sowie die anderer Faktoren für die als Gärung bezeichneten Prozesse erkannte. Unbewußt wurden somit die ersten Schritte in die Biochemie getan. Der Fortschritt war langsam, und erst am Ende des 18. und zu Beginn des 19. Jahrhunderts wurden eingehende Untersuchungen des Gärungsvorganges durchgeführt. Zu den wichtigsten Erkenntnissen dieser Zeit zählen die von S c h w a n n und P a s t e u r . S c h w a n n erkannte, daß Hefen Pflanzen sind, die Zucker in Alkohol und Kohlendioxyd umzuwandeln vermögen. P a s t e u r untersuchte den Einfluß von Sauerstoff auf diese Vorgänge; außerdem analysierte er die bei den verschiedenen Gärungen anfallenden Endprodukte. Unglücklicherweise wurde der weitere Fortschritt aufgehalten durch den zu dieser Zeit weitverbreiteten Glauben an den Vitalismus, der für die Synthese organischer Verbindungen eine spezielle Lebenskraft postulierte, die nur lebenden Organismen eigen sei. Erst als es B u c h n e r gelungen war, mit einem zellfreien Extrakt auṣ Hefe eine Vergärung von Zucker durchzuführen, war der Weg frei für eine gründliche Untersuchung der chemischen und physikalischen Eigenschaften der Enzyme.

In den ersten Jahrzehnten des 20. Jahrhunderts wurden die einzelnen an der Gärung beteiligten Enzyme isoliert und die bei der Entstehung von Alkohol aus Zucker auftretenden Zwischenprodukte entdeckt. Während der letzten 20 Jahre haben unsere Kenntnisse sowohl über die Stoffwechselwege als auch über die an ihnen beteiligten Enzyme gewaltig zugenommen. Man erkannte die Notwendigkeit ihrer Kontrolle und die Art und Weise, wie diese ausgeübt wird. Diese Fortschritte beruhen auf der Entwicklung geeigneter Untersuchungsmethoden sowie auf der Abwendung von den Vorstellungen des Vitalismus. Der rasche Erkenntniszuwachs bestätigte die Annahme, daß alle in einer Zelle ablaufenden Vorgänge durch Gesetzmäßigkeiten der Physik erklärt werden können. Dagegen hat der Vitalismus weiterführende experimentelle Ansätze behindert.

Wir wollen jetzt den Mechanismus einer unkatalysierten Reaktion mit dem Mechanismus derselben, aber katalysierten Reaktion ver-

gleichen, um das Wesen der <u>Katalyse</u> und ihre Kontrolle erfassen
zu können.

1.2 <u>Ribonucleinsäure und deren Hydrolyse durch Säuren und Basen</u>

Ribonucleinsäure, in der Regel abgekürzt RNS, ist ein für das
Wachstum der Zellen essentiell wichtiges Makromolekül. Eine ihrer zahlreichen Funktionen besteht darin, die im Zellkern loka-
lisierte genetische Information in das Cytoplasma zu übertragen,
und hier als Vorlage für die Synthese spezifischer Proteine zu
dienen. Abb. 1 zeigt die charakteristischen Merkmale eines RNS-
Molekülsegmentes und die strukturelle Anordnung der einzelnen
Komponenten.

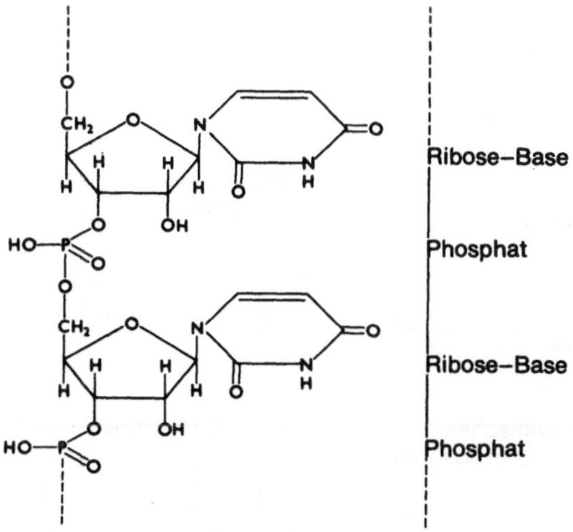

Abb. 1 Ausschnitt aus einem Ribonucleinsäure-(RNS)-Molekül.
        Dargestellt ist die Struktur und die relative Anord-
        nung der einzelnen Bausteine. In diesem Beispiel ist
        nur eine Base, Uracil, berücksichtigt. Als zusätzli-
        che Basen treten Adenin, Guanin und Cytosin im RNS-
        Molekül auf.

Behandelt man RNS unter ziemlich drastischen Bedingungen mit Säu-

ren oder Basen, so wird das Molekül vollständig hydrolysiert. Es
entsteht ein Gemisch, in dem Phosphat, Ribose und heterozyklische
Basen jeweils im Verhältnis 1:1:1 vorliegen. Wird dagegen die RNS
unter weniger extremen Bedingungen, z.B. bei Raumtemperatur mit
0.1M Natronlauge hydrolysiert, können verschiedene größere Bruch-
stücke identifiziert werden. Wir wollen zunächst die einzelnen
Schritte der RNS-Hydrolyse im alkalischen Milieu verfolgen. Der
erste Schritt besteht in einem nucleophilen Angriff durch OH⁻-
Ionen; in der Abb. 2 durch Pfeile gekennzeichnet.

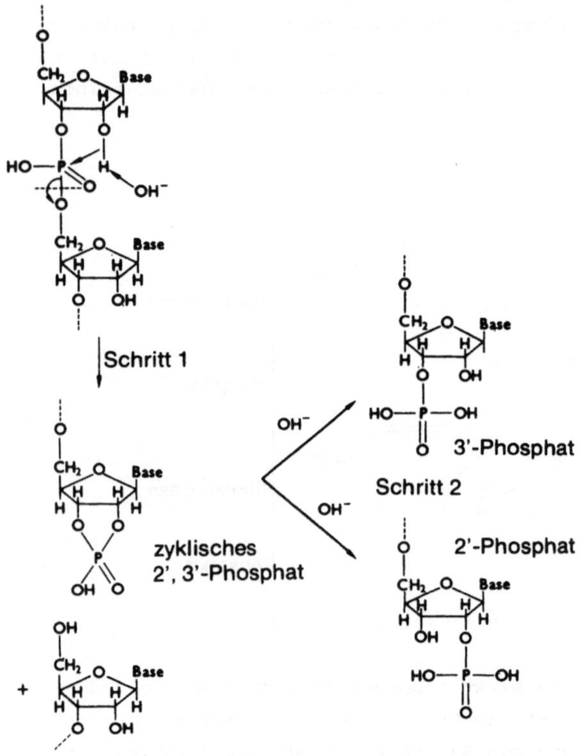

Abb. 2
Mechanismus der
RNS-Hydrolyse
im schwach al-
kalischen Milieu

Es bildet sich zunächst ein zyklischer 2',3'-Phosphodiester (so
bezeichnet, weil Position 2 und 3 des Riboseringes verestert

sind). Dieses zyklische Phosphat stellt lediglich ein Zwischenprodukt im Reaktionsablauf dar. Es wird durch weitere OH^--Ionen
angegriffen, wobei die beiden C-O-P-Bindungen gleich schnell auf-
gespalten werden. Das führt zu einem Gemisch von 2'- und 3'-Phos-
phaten. Aus diesem Reaktionsablauf läßt sich ersehen, daß bei
einer milden alkalischen Hydrolyse die RNS in mehreren Schritten
partiell abgebaut werden kann.

1.3 Ribonuclease und ihr Wirkungsmechanismus

Ein Kennzeichen aller lebenden Systeme ist, daß sie sich in einem
Fließgleichgewicht befinden, d.h., die am Aufbau der Zelle beteiligten Moleküle unterliegen einem ständigen Auf- und Abbau. Dies
gilt auch für die Ribonucleinsäuren, die von den in allen Zellen
vorhandenen Ribonucleasen enzymatisch hydrolysiert werden. Die
chemische Struktur sowie die physikalischen Eigenschaften dieser
Enzyme wurden intensiv erforscht. Aufbauend auf diesen Untersuchungen wurden verschiedene Theorien über den Mechanismus der katalysierten Reaktionen entwickelt.

Die Ribonuclease aus Rinderpankreas hydrolysiert RNS in zwei
Schritten analog der alkalischen Hydrolyse. Der erste Schritt besteht in der Bildung von zyklischem Phosphat (= Phosphatdiester),
das anschließend zum 3'-Phosphat umgesetzt wird. Diese Prozesse
können nicht auf die Gegenwart von OH^--Ionen zurückgeführt werden,
da die Enzyme in einem gepufferten Medium um den Neutralpunkt wirken, wo die Konzentration der OH^--Ionen äußerst gering ist.

Ein möglicher Reaktionsmechanismus ist in Abb. 3 dargestellt. Im
Enzym liegen mindestens zwei dissoziierende Gruppen vor, die für
die katalytische Wirkung bedeutsam und an der Ausbildung des sogenannten aktiven Zentrums des Enzyms beteiligt sind. Während des
ersten Reaktionsschrittes dient Gruppe A - wie das OH^--Ion bei
der nichtenzymatisch katalysierten Reaktion - als Protonenakzeptor, während Gruppe B als Protonendonator wirkt, also eine Säure
darstellt. Während des zweiten Schrittes der Reaktionsfolge kehren sich die Verhältnisse um, Gruppe A fungiert nun als Protonendonator, Gruppe B als Protonenakzeptor. Nach Abschluß der Reaktion

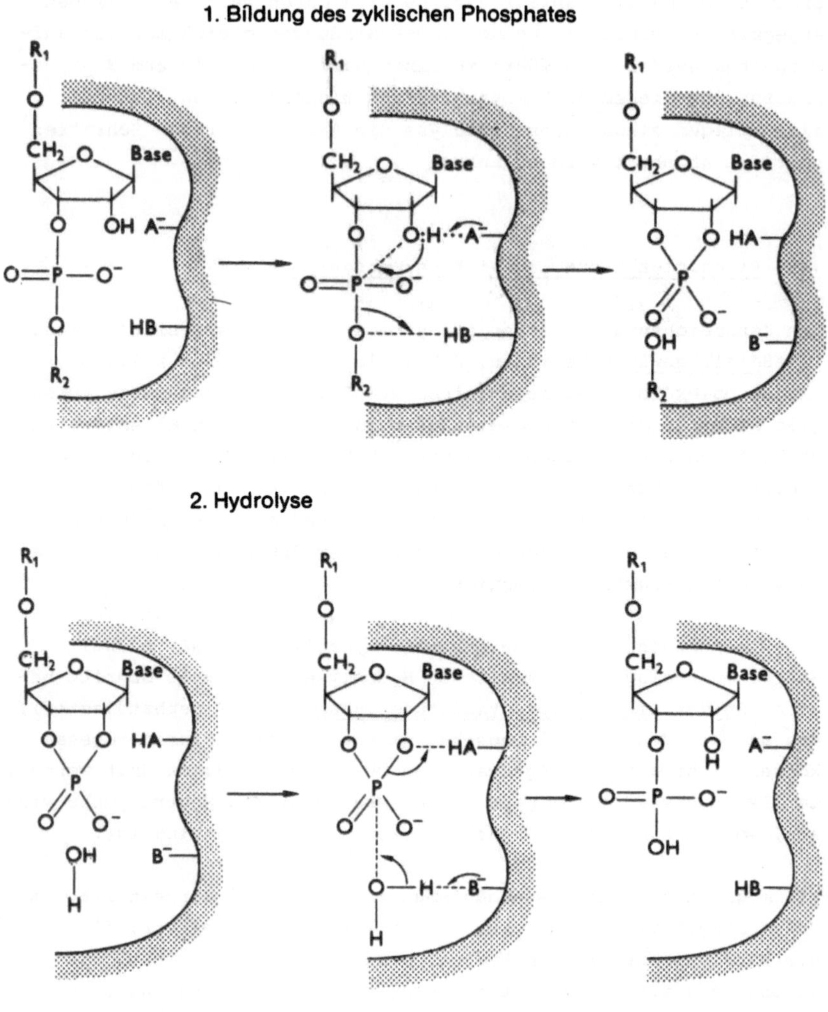

Abb. 3 Möglicher Reaktionsmechanismus der Pankreas-Ribonuclease. Das Enzym mit seinen beiden katalytischen Gruppen A und B ist durch die Schattierung angedeutet. Nur ein Baustein eines RNS-Moleküls ist wiedergegeben. R_1 und R_2 kennzeichnen das restliche Molekül.

liegt das Enzym wieder in der Ausgangsform vor und kann erneut die Hydrolyse einer P-O-Bindung katalysieren.

Das Enzym schafft also die Voraussetzung sowohl für eine <u>saure</u> als auch für eine <u>basische Hydrolyse</u>, und es ist infolgedessen effektiver als jedes einzelne konventionelle, nichtbiologische System. Kein solches enthält gleichzeitig getrennte basische und saure Gruppen, da sie sich sofort neutralisieren würden. Die Enzyme sind daher durch die gleichzeitige Anwesenheit der zwei dissoziierenden Gruppen im aktiven Zentrum für ihre hydrolytische Funktion besonders geeignet.

1.4 Struktur und biologische Funktion

Der soeben besprochene Reaktionsmechanismus der Ribonuclease aus Rinderpankreas zeigt, daß es eine logische und auf chemischen Gesetzmäßigkeiten aufbauende Erklärung für die Enzymwirkung gibt. Das trifft für alle Enzyme zu, deren Reaktionsmechanismus bisher näher untersucht wurde, und es gibt keinen Grund, der gegen eine allgemeine Gültigkeit dieser Aussage spricht.

Im Reaktionsschema in Abb. 3 sind die Gruppen A und B räumlich so angeordnet, daß sie sich in unmittelbarer Nähe der Bindung befinden, die sie im RNS-Molekül hydrolysieren sollen. Die beiden Gruppen sind Teil eines großen Moleküls. Sie können nicht frei durch eine Lösung von RNS diffundieren wie OH$^-$-Ionen. Infolgedessen ist ihre räumliche Lage zueinander so wie zum RNS-Molekül, das in irgendeiner Weise an das Enzym gebunden werden muß, von entscheidender Bedeutung. Die Enzymaktivität hängt von der dreidimensionalen Struktur des Moleküls ab; ehe die Wirkungsweise eines Enzyms voll verstanden werden kann, müssen deshalb die unterschiedlichen chemischen Bindungen und die physikalischen Kräfte erörtert werden, die dem Enzym die Struktur geben und seine Stabilität bedingen.

2. Struktur der Proteine

2.1 Enzyme sind Proteine

Als man die chemische Struktur von Enzymen genauer analysierte, erkannte man, daß alle Enzyme Proteine sind. Bis heute sind mehr als tausend Enzyme entdeckt und viele davon vollständig charakterisiert worden. Es gibt keinen Hinweis, der die Erkenntnis, daß Enzyme Proteine sind, in Frage stellt. In einigen Fällen wurden zusätzliche Komponenten als Bestandteil von Enzymen erkannt. Dazu zählen Metallionen, Kohlenhydrate sowie andere kleine organische Moleküle. Wenn auch diese Bestandteile zur Enzymwirkung beitragen oder, wie in einigen Fällen, für die katalytische Aktivität unerläßlich sind, so hängt doch die katalytische Funktion ganz wesentlich vom Proteinanteil ab.

Alle Enzyme haben Proteincharakter, aber nicht alle Proteine sind Enzyme. Als Beispiel hierfür kann man Kollagen nennen, die vorherrschende Proteinkomponente in Knochen, Haut und Sehnen. Es dient als Stütz- und Gerüstsubstanz im Körper und scheint als solche nicht dem "turnover" unterworfen zu sein. Ein weiteres Beispiel für ein Protein, das an der Ausbildung von Strukturen beteiligt ist und keine enzymatische Aktivität aufweist, ist das Keratin. Es ist Bestandteil der Haut sowie der Hautanhangsgebilde, wie Haare, Nägel und Horn. Diese Proteine werden als Skleroproteine bezeichnet. Wiederum eine andere Funktion haben die als γ-Globuline bezeichneten Proteine. Sie üben als Antikörper im Organismus eine Schutzfunktion aus und werden nach dem Eindringen körperfremder Substanzen gebildet. Enzymatische Aktivität konnte bei den γ-Globulinen nicht nachgewiesen werden.

Zum vollständigen Verständnis der Eigenschaften von Enzymen und ihrer Wirkung ist es unerläßlich, sich mit dem Aufbau der Proteine vertraut zu machen. Proteine sind Polymere der Aminosäuren; etwa 20 verschiedene Aminosäuren kommen im allgemeinen in Proteinen vor. Mit Hilfe dieser relativ kleinen Anzahl von Grundbausteinen ist es möglich, mindestens 1000 verschiedene Proteine aufzubauen. Dabei sind Art und Menge jeder Aminosäure sowie ihre

Stellung im Proteinpolymer entscheidend für die Enzymstruktur. Zunächst wollen wir uns mit der Beschaffenheit und der Vielfalt der Aminosäuren befassen.

2.2 Beschaffenheit und Verschiedenartigkeit der Aminosäuren

Aminosäuren enthalten sowohl eine <u>Aminogruppe</u> als auch eine <u>Carboxylgruppe</u>. Infolgedessen haben sie basische und saure Eigenschaften. Sie können durch folgende allgemeine Formel dargestellt werden:

$$
\begin{array}{c}
R \\
| \\
H_2N - C - H \\
| \\
COOH
\end{array}
$$

Auf der Seitengruppe R beruhen die Unterschiede der verschiedenen Aminosäuren. Mit Ausnahme von Glycin, der einfachsten Aminosäure, bei der R ein Wasserstoff ist, ist das mittlere C-Atom mit vier verschiedenen Substituenten verknüpft.

Hierauf beruht die Asymmetrie des Moleküls und die Fähigkeit, die Ebene des polarisierten Lichtes zu drehen, d.h. die optische Aktivität. Proteine sind ebenfalls optisch aktiv; und zwar sowohl aufgrund der Eigenschaften der sie aufbauenden Aminosäuren als auch infolge einer zusätzlichen Asymmetrie. Diese entsteht durch die Bindung der Aminosäuren untereinander im polymeren Molekül. Dies erklärt zum Teil die hohe Selektivität der von ihnen katalysierten Reaktionen und die Präzision, mit der die Produkte gebildet werden.

In diesem Kapitel werden wir später sehen, daß es die Amino- und Carboxylgruppen sind, an denen sich die Kondensation der Aminosäuren zu Proteinen vollzieht. Hieraus folgt, daß die Seitengruppen für die katalytische Aktivität und die Unterschiede zwischen ihnen für die Vielfalt der verschiedenen katalytischen Reaktionen verantwortlich sind. Basierend auf ihren Eigenschaften lassen sich die Seitengruppen in sieben Klassen einteilen (Tabelle 1).

Streng genommen sind die Vertreter der letzten Klasse - die Iminosäuren - keine echten Aminosäuren, da hier die Aminogruppe nicht frei, sondern Teil eines Ringes ist. Dieser Unterschied führt, wie wir später sehen werden, zu wesentlichen Modifikationen der Proteinstruktur. Die charakteristischen physikalischen Eigenschaften der Seitengruppen sind in der Tab. 1 kurz zusammengefaßt. Von besonderer Bedeutung sind die Wechselbeziehungen dieser Gruppen mit Wasser. Nach diesen Gesichtspunkten lassen sich die Gruppen einteilen in:

1. Hydrophil - wörtlich "wasserfreundlich"
   Solche Gruppen bedingen eine gute Wasserlöslichkeit;
   saure und basische Gruppen sind sehr hydrophil.

Tabelle 1   Einteilung der Aminosäuren nach den Eigenschaften
             ihrer Seitenketten (R)

---

1. Unpolare aliphatische Gruppen

| Glycin (Gly) | Alanin (Ala) | Valin (Val) | Leucin (Leu) | Isoleucin (Ile) |

Inert und hydrophob.

2. Aliphatische und aromatische Seitenketten mit Hydroxylgruppen

| Serin (Ser) | Threonin (Thr) | Tyrosin (Tyr) |

Aliphatische Gruppen reagieren neutral, Tyrosin schwach sauer. Weniger hydrophob als die unpolaren, aliphatischen Aminosäuren.

3. Aromatische Gruppen

| Phenylalanin (Phe) | Tryptophan (Trp) |

Tyrosin ist zwar auch aromatisch, wird aber der Gruppe 2 zugeordnet. Hydrophob.

4. Saure Gruppen

Asparaginsäure (Asp)	Glutaminsäure (Glu)	Asparagin (Asn)	Glutamin (Gln)

$$\begin{array}{cccc}
COOH & COOH & CONH_2 & CONH_2 \\
| & | & | & | \\
CH_2 & CH_2 & CH_2 & CH_2 \\
 & | & & | \\
 & CH_2 & & CH_2 \\
\end{array}$$

Asparagin und Glutamin sind die von Asparagin- bzw. Glutaminsäure abgeleiteten Amide.

5. Basische Gruppen

Lysin (Lys)	Arginin (Arg)	Histidin (His)

Hydrophil

6. Schwefelhaltige Gruppen

Cystein (Cys)	Cystin (Cys-Cys)	Methionin (Met)

Cystein ist leicht hydrophil; Methionin ist hydrophob. Cystin entsteht aus zwei Cystein-Molekülen unter Ausbildung einer Disulfidbindung.

7. Iminogruppen

Prolin (Pro)	Hydroxyprolin (Hyp)

Bei diesen Beispielen sind die kompletten Aminosäuren wiedergegeben.

2. Hydrophob - "wasserfeindlich"
   Solche Gruppen sind schwer löslich in Wasser und anderen
   polaren Lösungsmitteln, wie z.B. Alkohol. Dagegen sind
   sie wegen ihrer Kohlenwasserstoff-Natur leicht löslich
   in Äther, Benzol und ähnlichen unpolaren Lösungsmitteln.

2.3 Primärstruktur - Peptidbindung und Aminosäuresequenz

Die Eliminierung von Wasser zwischen der Carboxylgruppe eines Ami-
nosäuremoleküls und der Aminogruppe eines zweiten führt zu einer
amidartigen Bindung. In diesem Fall spricht man von einer Peptidbindung.

$$\underset{\displaystyle H_2N-CH-COOH}{\overset{\displaystyle R_1}{|}} + \underset{\displaystyle H_2N-CH-COOH}{\overset{\displaystyle R_2}{|}} \longrightarrow \underset{\displaystyle H_2N-CH-CO-NH-CH-COOH}{\overset{\displaystyle R_1 \qquad R_2}{|\qquad\quad|}} + H_2O$$

R_1 und R_2 repräsentieren gleiche oder verschiedene Substituenten.
Die in der eben besprochenen Reaktion gebildete Verbindung nennt
man ein Dipeptid.
Da eine Aminosäure zwei funktionelle Gruppen hat, nämlich eine
Aminogruppe und eine Carboxylgruppe, kann dieser Vorgang immer
wieder stattfinden und zur Bildung eines Tripeptids, Tetrapeptids
etc. führen. Das Produkt, das bei Kondensation einer großen Anzahl von Aminosäuren entsteht, ist ein Polypeptid. Polypeptide
und Proteine sind nicht klar gegeneinander abgegrenzt.
Die meisten Proteine bestehen aus mindestens 100 miteinander ver-
knüpften Aminosäuren (in der Regel als Aminosäurereste bezeichnet) und weisen zusätzlich eine Struktur höherer Ordnung auf.
Der Ausdruck Polypeptide wird gewöhnlich auf solche Moleküle be-
schränkt, die aus etwa 20 Aminosäureresten bestehen und keinerlei
Struktur höherer Ordnung aufweisen. Jedes polymere Molekül hat nur
eine freie α-Aminogruppe und eine freie α-Carboxylgruppe. Infolgedessen spielen diese 2 Gruppen für die Eigenschaften von Proteinmolekülen nur eine untergeordnete Rolle. Deren Eigenschaften hängen vor allem von der Beschaffenheit der Seitengruppen ab. Wie
aus Tab. 1 zu ersehen, enthalten einige Aminosäuren zusätzliche
Amino- und Carboxylgruppen; diese sind frei und beeinflussen die

Proteineigenschaften nachhaltig.

Obgleich die obige Gleichung den chemischen Vorgang der Knüpfung
einer Peptidbindung richtig wiedergibt, vermittelt sie keine Vorstellung von der räumlichen Orientierung dieser Bindung.

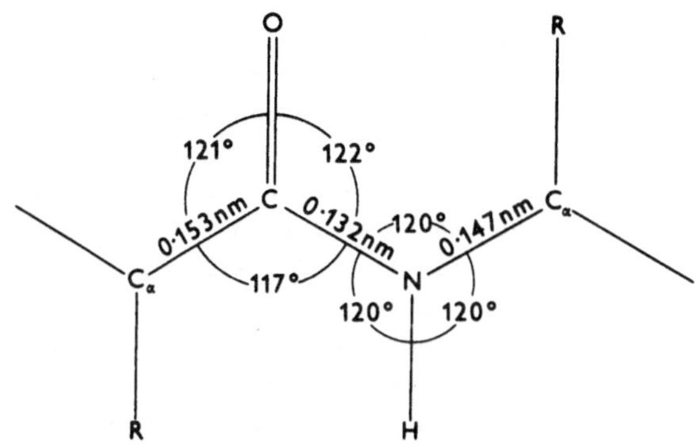

Abb. 4   Die Geometrie der Peptidbindung

Abb. 4 zeigt, daß die beiden α-C-Atome und die dazwischenliegen-
den Atome C, O, N, H, alle in derselben Ebene liegen, da die Bin-
dungswinkel zwischen diesen Atomen sich zu 360° ergänzen. Einzig
und allein um das α-C-Atom, welches 4 verschiedene Gruppen trägt,
besteht freie Drehbarkeit. Dies beruht wenigstens zum Teil auf dem
partiellen Doppelbindungscharakter der C-N-Bindung im Peptid, und
zwar wird dies deutlich aus der Länge der Bindung, die kürzer ist
als die einer C-N-Bindung in einer Aminosäure. Weiterhin kann man
erkennen, daß die R-Gruppen in trans-Stellung am Peptidgrundgerüst angeordnet sind.

Die Reihenfolge, in der die Aminosäuren miteinander verknüpft
sind, wird als die Sequenz eines Proteins bezeichnet. Diese und
die Struktur der Peptidbindung bestimmen die sogenannte Primär-
struktur eines Proteins. Von zahlreichen Proteinen ist die Aminosäuresequenz inzwischen ermittelt worden. Als Beispiel betrachten wir die vollständige Struktur des aus dem Schaf isolierten

Hormons Corticotropin:

Ser-Tyr-Ser-Met-Glu-His-Phe-Arg-Trp-Gly-Lys-Pro-Val-Gly-Lys-Lys-
Arg-Arg-Pro-Val-Lys-Val-Trp-Pro-Ala-Gly-Glu-Asp-Asp-Glu-Ala-Ser-
Glu-Ala-Phe-Pro-Leu-Glu-Phe-

Bei der Angabe der Sequenz eines Proteins oder eines Polypeptids
verwendet man in der Regel Abkürzungen. Man hat sich darauf ge-
einigt, mit der Sequenz am N-terminalen Ende zu beginnen, d.h.
mit der Aminosäure, die eine freie α-NH$_2$-Gruppe besitzt.

Was geschähe, wenn dieselben 39 Aminosäuren eine andere Sequenz
hätten? Im allgemeinen würde das Molekül seine biologische Aktivität verlieren. Demnach sind die Art und die Sequenz der Aminosäuren immer für ein bestimmtes Protein spezifisch. Wenn man
funktionsgleiche Proteine aus verschiedenen Tier- oder Pflanzen-
Arten miteinander vergleicht, beobachtet man nur einige geringfügige Abweichungen in den Eigenschaften und der Sequenz dieser
Proteine. Bei Corticotropin sind die Reste 1-24 und 33-39 bei allen untersuchten Arten identisch. Vergleicht man die Primärse-
quenzen von Corticotropin aus Schwein, Mensch, Rind und Schaf,
so beobachtet man geringfügige Abweichungen bei den Resten 25-32.
Die Abweichungen von der Sequenz des Schweinecorticotropins sind
jeweils unterstrichen. Vielfach sind die Änderungen unbedeutend,
und zwar handelt es sich dabei um Aminosäuren mit ähnlichen Eigenschaften. Beispielsweise tritt Alanin an die Stelle des sehr ähnlichen Glycin und Glutaminsäure an die Stelle der anderen sauren
Aminosäure, der Asparaginsäure.

	25	26	27	28	29	30	31	32	33
Schwein	Asp	Gly	Ala	Glu	Asp	Gln	Leu	Ala	Glu
Mensch	Asp	_Ala_	_Gly_	Glu	Asp	Gln	_Ser_	Ala	Glu
Rind	Asp	Gly	_Glu_	_Ala_	_Glu_	_Asp_	_Ser_	Ala	_Gln_
Schaf	_Ala_	Gly	_Glu_	_Asp_	Asp	_Glu_	_Ala_	_Ser_	Glu

2.4 Das Konzept des aktiven Zentrums

Es hat sich gezeigt, daß nur einige wenige Aminosäureseitenketten
eines Proteinmoleküls direkt an seiner Funktion beteiligt sind.
Bei den Enzymen sind diese spezifischen Seitenketten für die katalytische Aktivität des Moleküls verantwortlich. Die übrigen
Aminosäurereste haben eine Hilfsfunktion. Sie bilden und stabi-
lisieren die dreidimensionale Struktur des Moleküls, wie wir später noch sehen werden. Im Falle des Corticotropin sind wahrscheinlich die Seitenketten der Aminosäuren 1-24 und/oder 33-39 für die
hormonale Wirkung verantwortlich, während die variablen Aminosäureseitenketten zwischen den Aminosäuren 25 und 32 an der Form-
gestaltung des Moleküls beteiligt sind; möglicherweise wirken sie
auch mit an der Ausprägung der Individualität der einzelnen Tier-
arten. Jede Tierart ist dazu befähigt, Proteinmoleküle der eigenen Art zu erkennen.

Abb. 5 zeigt die Aminosäuresequenz des Proteins Ribonuclease, das
wir schon im 1. Kapitel kennengelernt haben. Es wurde festge-
stellt, daß von den 124 Aminosäuren, aus denen Ribonuclease besteht, zwei Histidinreste in Position 12 und 119 (als His 12 und
119 bezeichnet) zusammen mit zwei Lysinresten in Position 7 und
41 an der eigentlichen Katalyse beteiligt sind. In der in der Abbildung dargestellten Struktur sind diese Reste weit voneinander
entfernt. In dem aktiven Ribonucleasemolekül müssen diese jedoch
eng benachbart sein, da sie eine einzige Bindung im RNA-Molekül
angreifen. Diese Gruppe von Aminosäuren, die den direkt funktionellen Teil des Enzymmoleküls umfaßt, wird das aktive Zentrum genannt. Es ist offensichtlich, daß das Proteinmolekül gefaltet sein
muß, um Reste, die in der linearen Sequenz weit voneinander entfernt sind, zusammenzubringen.

2.5 Disulfidbrücken

Die Aminosäure Cystein enthält eine Thiolgruppe. Solche Gruppen
sind leicht oxydierbar unter Bildung von Disulfiden, bei denen
zwei Schwefelatome miteinander verknüpft sind. Derartige Disulfidbrücken bilden sich leicht zwischen verschiedenen Cystein-

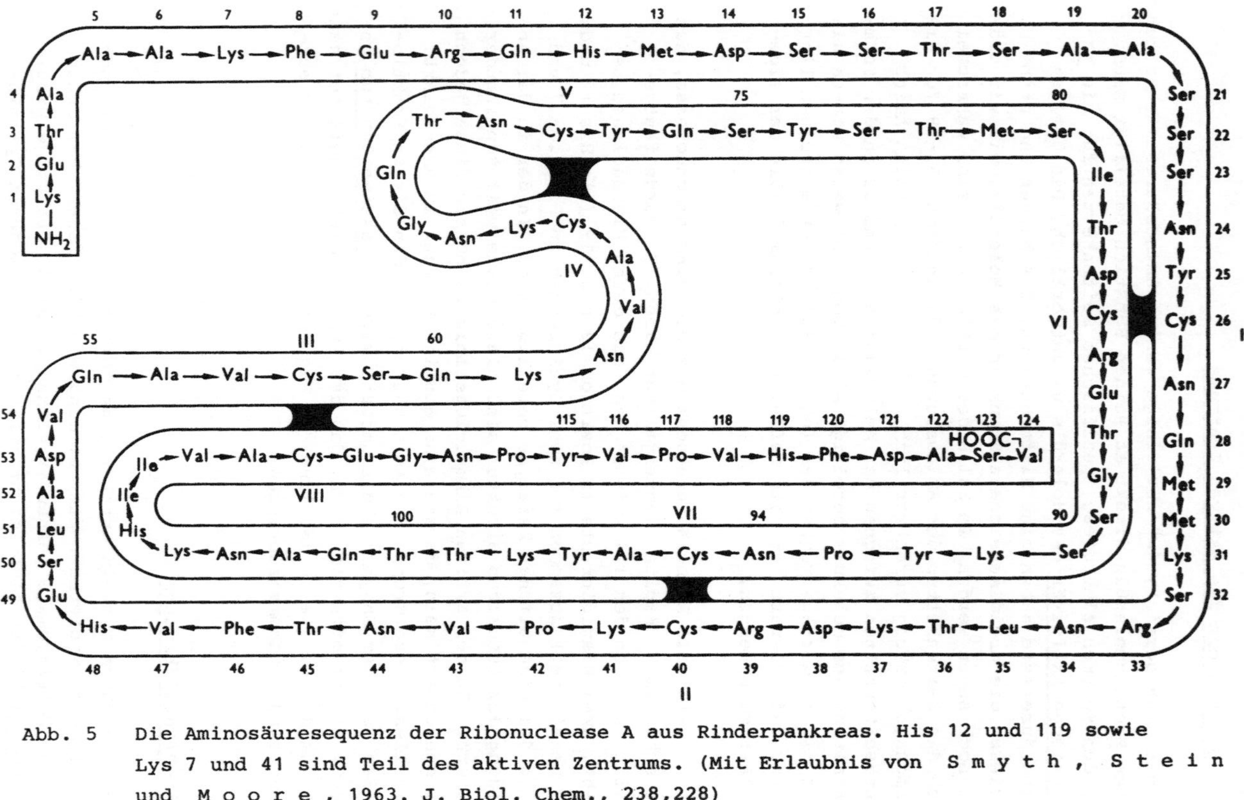

Abb. 5   Die Aminosäuresequenz der Ribonuclease A aus Rinderpankreas. His 12 und 119 sowie Lys 7 und 41 sind Teil des aktiven Zentrums. (Mit Erlaubnis von S m y t h , S t e i n und M o o r e , 1963. J. Biol. Chem., 238,228)

resten in Proteinen. Auf diese Weise können zwei Moleküle miteinander verbunden werden. Ist das Molekül groß genug und enthält es
wenigstens zwei Cystein-Reste, so kann über die Ausbildung einer
Disulfidbindung eine Faltung des Proteinmoleküls stabilisiert werden. Die Struktur der Disulfidbindung ist folgende:

$$
\begin{array}{ccccccccc}
 & | & & & & & & & | \\
 & NH & & & & & & & NH \\
 & | & & & & & & & | \\
CH & - & CH_2 & - & S & - & S & - & CH_2 & - & CH \\
 & | & & & & & & & | \\
 & CO & & & & & & & CO \\
 & | & & & & & & & | \\
\end{array}
$$

Aus Abb. 5 läßt sich ersehen, daß in dem Ribonucleasemolekül über
8 Cystein-Reste vier Disulfidbindungen ausgebildet sind. Diese
Disulfidbrücken schränken die freie Rotation der Seitenketten der
Ribonuclease ein und führen zu einer Faltung der Kette. Ungeklärt
bleibt damit jedoch immer noch die Frage, wie die das aktive Zentrum bildenden Gruppen zusammengebracht werden. Eine befriedigen-
de Erklärung hierfür ist nur möglich, wenn wir die Sekundär- und
Tertiärstruktur von Enzymen in unsere Überlegungen einbeziehen.

2.6 Sekundärstruktur: α-Helix, β-Faltblattstruktur und Wasser-stoffbindung

Unter Sekundärstruktur versteht man die spezielle räumliche Struktur der ansonsten flexiblen Peptidketten, die auf der Ausbildung
von Wasserstoffbindungen zwischen den Carbonylsauerstoff- und den
Amidstickstoffatomen des Polypeptidgrundgerüstes beruht. Wasserstoffbindungen zwischen Atomen der Seitenketten tragen dagegen
nicht zur Sekundärstruktur bei. Sie sind jedoch, wie wir später
noch sehen werden, von Bedeutung für die Ausprägung der Tertiärstruktur.

Wasserstoffbindungen sind sehr schwache Bindungen. Ihre Bindungs-
energie beträgt nur etwa 16.74 KJ/Mol im Gegensatz zu 364 KJ/Mol
einer kovalenten C-H-Bindung. Sind jedoch genügend Wasserstoffbindungen in einem Molekül vorhanden, so verleihen diese der
Struktur eine beträchtliche Stabilität. Am anschaulichsten lassen

sich Wasserstoffbindungen und ihr Effekt auf die physikalischen
Eigenschaften eines Moleküls am Wasser demonstrieren. Die Elektronen der kovalenten O-H-Bindung sind in Wasser nicht gleich-
mäßig zwischen den Atomen verteilt, sondern zum O-Atom hin orientiert, wodurch die Bindung einen polaren Charakter erhält. Das
drückt sich in einer partiell negativen Ladung am O-Atom und
einer partiell positiven Ladung am H-Atom aus. Diese partiellen
Ladungen verursachen eine elektrostatische Wechselwirkung zwischen verschiedenen Wassermolekülen, wie in Abb. 6 gezeigt ist.

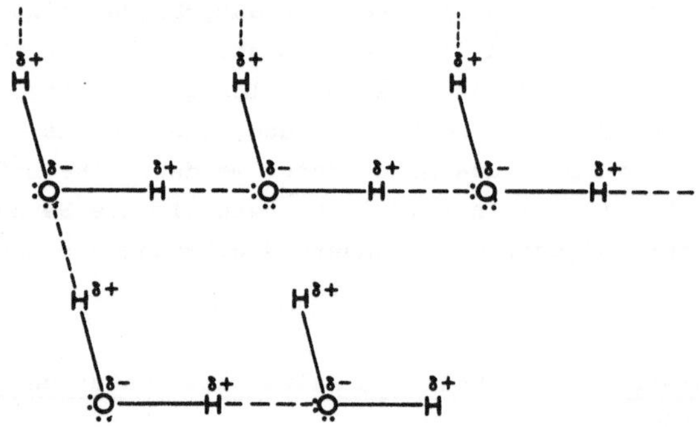

Abb. 6   Struktur des flüssigen Wassers.
          Wasserstoffbindungen sind durch punktierte Linien sym-
          bolisiert.

Da der Sauerstoff sechs Elektronen auf seiner äußeren Schale
trägt und davon nur zwei für Bindungen im Wassermolekül benötigt
werden, können die restlichen Elektronen mit den partiell positiv
geladenen Wasserstoffatomen benachbarter Wassermoleküle interagieren. Dies führt nicht zur Ausbildung einer echten Bindung. Daraus folgt, daß Wasser nicht als ein einzelnes Wassermolekül angesehen werden darf, sondern als eine lockere Assoziation von
Wassermolekülen. Entsprechend der Stellung des Sauerstoffs im Pe-
riodensystem sollte man erwarten, daß Wasser bei Raumtemperatur

ein Gas ist, wie es für Schwefelwasserstoff zutrifft. Daß Wasser bei Raumtemperatur trotzdem eine Flüssigkeit ist, liegt an der durch die Wasserstoffbindungen bedingten Zusammenlagerung der Wassermoleküle.

Nicht nur das H-Atom einer O-H-Bindung ist zur Ausbildung von Wasserstoffbindungen befähigt. Immer wenn ein H-Atom an ein andersartiges Atom gebunden ist und dieses andersartige Atom durch die Anziehung von Elektronen eine Polarität in der Bindung ausbildet, können Wasserstoffbindungen entstehen. <u>In Proteinen sind die wichtigsten Wasserstoffbindungen: -N-H ....O- und N-H ....N-.</u> Die punktierten Linien symbolisieren diesen Bindungstyp. Am stabilsten ist die Bindung, wenn die N-, H- und O- oder N-Atome auf einer Geraden liegen.

Die Sekundärstruktur, die ihre Ursache in den Wasserstoffbindungen zwischen verschiedenen Abschnitten des Grundgerüstes der Polypeptidkette hat, tritt in zwei Zustandsformen auf: in Form der <u>α-Helix</u> und der <u>β-Faltblattstruktur</u>. Die α-Helix wurde auf der Basis theoretischer Überlegungen von P a u l i n g und C o r e y konstruiert. Dabei ging man davon aus, daß die stabilste Faltung eines Proteinmoleküls zumindest vier grundsätzliche Kriterien erfüllen muß.

1. Es muß sich eine maximale Anzahl von Wasserstoffbindungen zwischen den CO- und NH-Gruppen des Peptidgrundgerüstes ausbilden.

2. Die Peptidbindung muß, wie in Abb. 4 dargestellt, planar sein.

3. Die O-, H- und N-Atome einer Wasserstoffbindung müssen auf einer Geraden liegen.

4. Die am Aufbau der Struktur beteiligten C-, N- und C-Atome müssen in regelmäßigen Abständen in linearer Richtung aufeinanderfolgen.

Abb. 7 zeigt die Schraubenstruktur (Helix), die P a u l i n g und C o r e y unter Berücksichtigung dieser 4 Bedingungen ent-

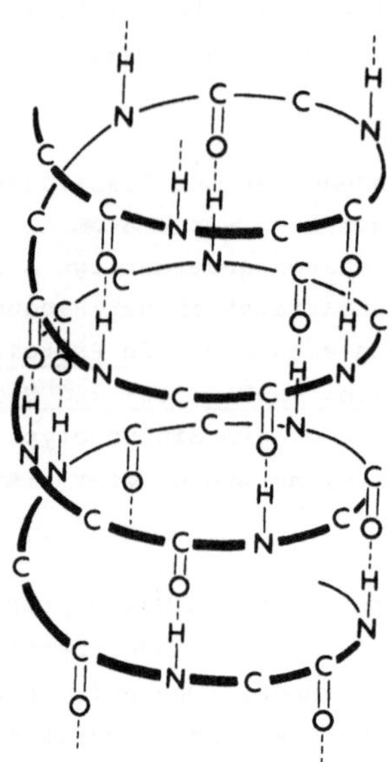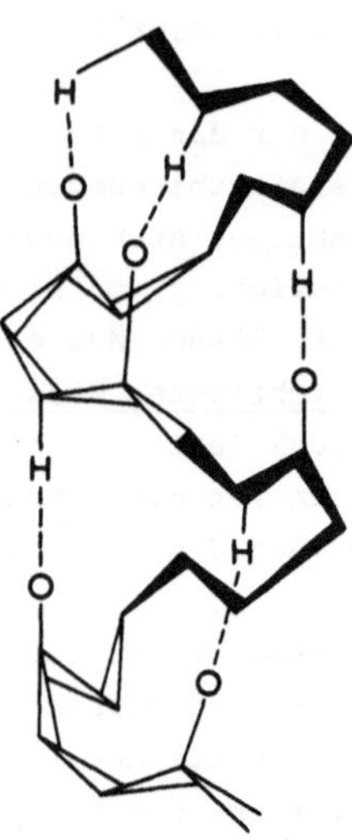

Abb. 7 (links) Stabilisierung der Struktur der α-Helix durch intramolekulare Wasserstoffbindungen. (Mit Erlaubnis von D e a r d e n , 1968. New Scientists, __37__, 629).

Abb. 8 (rechts) Darstellung der planaren Anordnung der Peptidbindung in der α-Helix. Der Deutlichkeit wegen wurde auf die Abbildung der einzelnen Atome verzichtet. (Mit Erlaubnis von B a r k e r , 1968. Understanding the chemistry of the cell. Edward Arnold, London.)

warfen. Dieses Modell wird als __α-Helix__ bezeichnet; es zeigt mehrere wichtige Eigenschaften. Auf eine Windung entfallen 3.6 Aminosäurereste. Nach jeweils 5 Windungen wiederholt sich die Struktur. Der Winkel der Helix beträgt 26°, die Ganghöhe 0.54nm. Diese Struktur konnte durch röntgenstrukturanalytische Untersuchungen von Proteinkristallen bestätigt werden. Um zu demonstrieren, daß die Peptidbindungen planar angeordnet sind, wurde eine schematische Darstellung der α-Helix gewählt (Abb. 8), in der die einzelnen Atome der besseren Übersicht wegen nicht berücksich-

tigt wurden. Die Iminosäuren Prolin und Hydroxyprolin lassen sich
nicht in die α-Helixstruktur einfügen. Infolgedessen bricht diese
geordnete Struktur in den Abschnitten der Proteinkette zusammen,
in denen diese beiden Iminosäuren vorkommen.

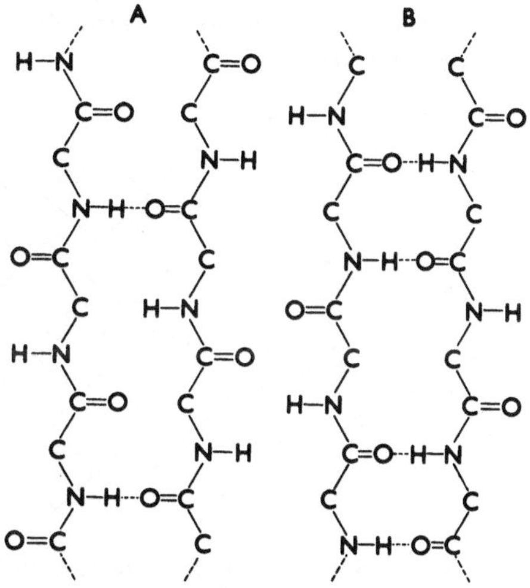

Abb. 9   A. β-Faltblattstruktur mit parallelen Peptidketten.
          B. β-Faltblattstruktur mit antiparallelen Peptidketten.
          Der besseren Übersicht wegen sind die Substituenten am
          α-C-Atom nicht berücksichtigt.

Abb. 9 zeigt die β-Faltblattstruktur, zu deren Entstehung Wasserstoffbindungen wesentlich beitragen. Prinzipiell sind zwei Strukturen möglich. Abschnitte von Polypeptidketten können so angeordnet sein, daß die Ketten parallel und in der gleichen Richtung
verlaufen, was durch die Anordnung des α-C-Atoms, der Carbonyl-
und NH-Gruppen zum Ausdruck kommt. Eine solche Struktur wird als
Faltblattstruktur mit parallelen Peptidketten bezeichnet. Bei dem
anderen Typ verlaufen die Ketten zwar ebenfalls parallel aber in
entgegengesetzten Richtungen. Der deutlichste Unterschied ist die
abwechselnde Richtung der CO-NH-Bindungen im antiparallelen Fall.

Dieser Typ einer Sekundärstruktur heißt **β-Faltblattstruktur mit antiparallelen Ketten**. In einigen Fällen werden Ketten verschiedener Polypeptidmoleküle über die Faltblattstrukturen miteinander verbunden. Das ist häufig der Fall bei Faserstrukturen, wie z.B. beim Seidenfibroin oder beim Keratin der Haare. Abb. 10 verdeutlicht noch einmal, daß die Peptidbindung planar angeordnet ist und zeigt, wie die Faltblattstruktur in eine dreidimensionale Anordnung aufgebaut werden kann.

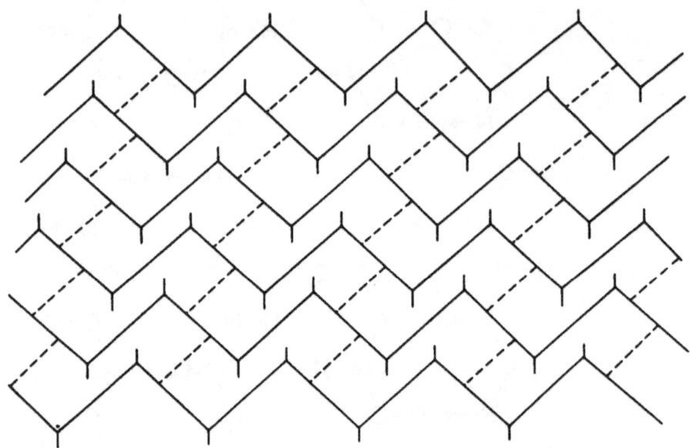

Abb. 10   Darstellung eines dreidimensionalen Netzwerkes von β-Faltblattstrukturen. Die planaren Peptidbindungen stehen senkrecht zur Ebene des Papiers.

Wenn auch die meisten Proteine die eine oder auch beide dieser Strukturen zeigen, so ist doch keineswegs das ganze Peptidgrundgerüst in dieser geordneten Weise aufgebaut. Bei einigen Proteinen können bis zu 80% des Moleküls in geordneter Struktur vorliegen, bei anderen Proteinen kann sich der Wert um 20% bewegen. Sehr oft wechseln Segmente mit helicaler Struktur mit Abschnitten ab, die sich durch eine, wie es scheint, zufallsbedingte Anordnung der Polypeptidkette auszeichnen. Tatsächlich unterliegen aber diese Zonen einem Ordnungsprinzip, das von der Tertiärstruktur des Moleküls diktiert wird. Zu den Kräften, die die Ausbildung der Tertiärstruktur hervorrufen, gehören auch solche elektrostatischer Natur. Wir wollen jetzt die Ursachen dieser elektrostatischen Kräfte zwischen den Seitenketten von Aminosäuren untersuchen.

2.7 <u>Die Dissoziation von Aminosäuren und Proteinen</u>

Die Tendenz einer Säure unter Abgabe eines Protons zu dissoziieren, hängt von der Protonenkonzentration der Lösung ab. Beobachtet man die Dissoziation einer schwachen Säure, z.B. die von Essigsäure, so stellt sich folgendes Gleichgewicht ein:

$$CH_3COOH + H_2O \rightleftharpoons CH_3COO^- + H_3O^+$$

Bei niedrigen pH-Werten, z.B. bei einer Lösung von Essigsäure in
einer konzentrierten anorganischen Säure, ist die in Lösung be-
findliche Protonenkonzentration sehr hoch und die Dissoziation
auf der Essigsäure kann vernachlässigt werden. Im Gegensatz dazu
ist bei hohen pH-Werten - z.B. bei Essigsäure in einer basischen
Lösung - die Konzentration der in Lösung befindlichen Protonen
sehr gering und die Dissoziation nahezu vollständig. Bei einem
bestimmten zwischen diesen Extremen liegenden mittleren pH-Wert
ist die Konzentration der undissoziierten und dissoziierten Es-
sigsäuremoleküle gleich groß. Dieser pH-Wert ist der <u>pK-Wert</u> der
betreffenden dissoziierenden Verbindung. Der pK-Wert der Essigsäure beträgt 4.7.

Die Carboxylgruppe ist keineswegs die einzige Gruppe, die in Aminosäuren und Proteinen zu dissoziieren vermag. Bei niedrigen pH-
Werten vermag die Aminogruppe ein Proton anzulagern. Dieser Vorgang ist in der folgenden Gleichung festgehalten:

$$R-NH_3^+ + H_2O \rightleftharpoons R-NH_2 + H_3O^+$$

Im Fall des einfachsten aliphatischen Amins, des Methylamins,
liegen gleiche Konzentrationen der dissoziierten und undissoziierten Komponenten bei pH 10.7 vor. Demnach ist der pK-Wert des
Methylamins 10.7.

Tabelle 2 faßt die Dissoziation einiger wichtiger Gruppen von
Aminosäuren und Proteinen zusammen. Sie gibt auch den Bereich an,
in dem sich der pK-Wert dieser Gruppen bewegt. Der pK-Wert einer
Gruppe hängt bis zu einem gewissen Grad von dem Rest des Moleküls ab. So ist der pK-Wert der Essigsäure 4.7, während die Car-

Tabelle 2   Dissoziierbare Gruppen von Aminosäuren und Proteinen

Gruppe	Gleichgewicht	Bereich des pK-Wertes
α-Carboxyl	$-COOH \rightleftharpoons COO^- + H_3O^+$	3.0-3.5
β & γ-Carboxyl (Asparagin- und Glutaminsäure)	$-COOH \rightleftharpoons COO^- + H_3O^+$	3.0-4.7
Imidazol (Histidin)	$NH_2^+ \rightleftharpoons NH + H_3O^+$	5.6-7.0
α-Amino	$NH_3^+ \rightleftharpoons NH_2 + H_3O^+$	7.6-8.4
Sulfhydryl	$SH \rightleftharpoons S^- + H_3O^+$	8.3-8.6
Phenolisches OH	$OH \rightleftharpoons O^- + H_3O^+$	9.8-10.4
ϵ-Amino (Lysin)	$NH_3^+ \rightleftharpoons NH_2 + H_3O^+$	9.4-10.6
Guanidino (Arginin)	$NH_2^+ \rightleftharpoons NH + H_3O^+$	11.6-12.6

boxylgruppe im Glycin einen pK-Wert von 2.34 hat. Ähnliches gilt für die Dissoziation der Aminogruppe, die einen pK-Wert von 9.6 hat. Analoge Verhältnisse herrschen in Proteinen, bei denen die Mikroumgebung einer dissoziierbaren Gruppe zu großen Abweichungen des pK-Wertes führt. Da in den Proteinen die meisten α-Carboxyl- und α-Aminogruppen aber zur Knüpfung der Peptidbindung herangezogen werden, kommt den anderen dissoziierbaren Gruppen in diesem Zusammenhang eine größere Bedeutung zu.

Welche Folgen haben diese Dissoziationen in einem Protein unter normalen Bedingungen? Dies läßt sich am besten am Beispiel von Lysin bei verschiedenen pH-Werten veranschaulichen. Tabelle 3 zeigt die verschiedenen Ionenformen von Lysin in Abhängigkeit vom pH-Wert, und zwar über einem weiten Bereich von extrem sauren bis zu extrem alkalischen Bedingungen. Man erkennt, daß sich die Ladung mit dem pH-Wert verändert, und daß das Molekül im physiologischen Bereich zwischen pH 5 und 9 geladen ist. Dies trifft besonders dann zu, wenn Lysin in ein Proteinmolekül eingebaut ist und die α-Amino- und α-Carboxylgruppen nicht dissoziieren können. Die ε-Aminogruppe ist über den gesamten physiologischen Bereich positiv geladen. In entsprechender Weise sind die Carboxylgruppen von Asparagin- und Glutaminsäure, die nicht zur Peptidbindung beitragen, negativ geladen.

Tabelle 3   Ionenformen des Lysins

Ionenart	NH_3^+ $(CH_2)_4$ $^+H_3N{-}CH{-}COOH$	NH_3^+ $(CH_2)_4$ $^+H_3N{-}CH{-}COO^-$	NH_3^+ $(CH_2)_4$ $H_2N{-}CH{-}COO^-$	NH_2 $(CH_2)_4$ $H_2N{-}CH{-}COO^-$
Ladung	+2	+1	O	-1
pH-Wert	niedriger als 2.5	4.5-7.0	9.0	höher als 10.0

Man hat erkannt, daß die meisten Proteine bei physiologischen pH-Werten nur eine geringe Nettoladung besitzen. Tatsächlich liegen die isoelektrischen Punkte von Proteinen - darunter versteht man die pH-Werte, an denen die Proteine nach außen hin elektrisch neutral sind - zwischen pH 4.5 und 8.5. Es muß jedoch darauf hingewiesen werden, daß an gewissen Stellen im Proteinmolekül lokal beträchtliche Ladungen auftreten können, und zwar infolge mehrerer geladener Seitenketten. Die Aufrechterhaltung der Tertiärstruktur hängt zum großen Teil von der Erhaltung dieser Ladungen ab. Ebenso ist die katalytische Aktivität eines Enzyms im besonderen Maße vom Dissoziationsgrad der Seitenketten der Aminosäurereste im aktiven Zentrum abhängig.

2.8 Tertiärstruktur

Nicht nur Primär- und Sekundärstruktur bedingen Größe und Bau des Proteinmoleküls, sondern außerdem verleiht die sogenannte Tertiär-

struktur jedem Protein eine einzige, charakteristische Molekül-
gestalt. Diese Struktur ist das Ergebnis zahlreicher intramolekularer Wechselwirkungen. Sie umfaßt die Windungen und Faltungen
des Proteinmoleküls, die sich ausbilden, wenn sich der Zustand
größter Stabilität einstellt. Es kommen hauptsächlich vier Arten
von Wechselwirkungen zwischen den Seitenketten der Aminosäurereste in Betracht:

1. <u>Elektrostatische Wechselwirkungen zwischen geladenen Seiten-
ketten</u>

   Die bekannte Tatsache, daß sich entgegengesetzte Ladungen
   anziehen, gleiche jedoch abstoßen, führt dazu, daß sich bestimmte Abschnitte eines Proteinmoleküls durch elektrostatische Interaktion einander stark nähern. Von den Aminosäuren können Histidin, Lysin, Arginin, Asparagin- und Glutaminsäure, Cystein und Tyrosin an solchen Wechselwirkungen
   beteiligt sein.

2. <u>Wasserstoffbindungen</u>

   Serin, Threonin und Tyrosin mit ihren OH-Gruppen sind besonders wichtig für die Ausbildung von Wasserstoffbindungen.
   Die Carboxylgruppen der Seitenketten sind ebenfalls beteiligt.

3. <u>Hydrophobe und hydrophile Wechselwirkungen</u>

   Wie schon früher beschrieben, kann man eine grobe Einteilung
   der Seitenketten der Aminosäuren nach ihrer Reaktion mit Wasser vornehmen. Hydrophobe Gruppen sind für die Stabilisierung der Tertiärstruktur von besonderer Wichtigkeit. Diese
   Gruppen vermögen miteinander zu reagieren und schaffen dadurch ein wasserfreies Milieu im Zentrum des Proteinmoleküls. Wasser wird verdrängt und der hydrophobe Charakter der
   betreffenden Gruppen kann in einem Protein auf diese Weise
   auch in wäßriger Lösung wirksam werden. So kommt es, daß man
   in der Regel die Mehrzahl der nichtpolaren, hydrophoben Gruppen im Inneren der Struktur und umgekehrt die meisten polaren, hydrophilen Gruppen an der äußeren Oberfläche der Struktur findet, wenn man die Tertiärstruktur eines Proteins im

Detail untersucht.

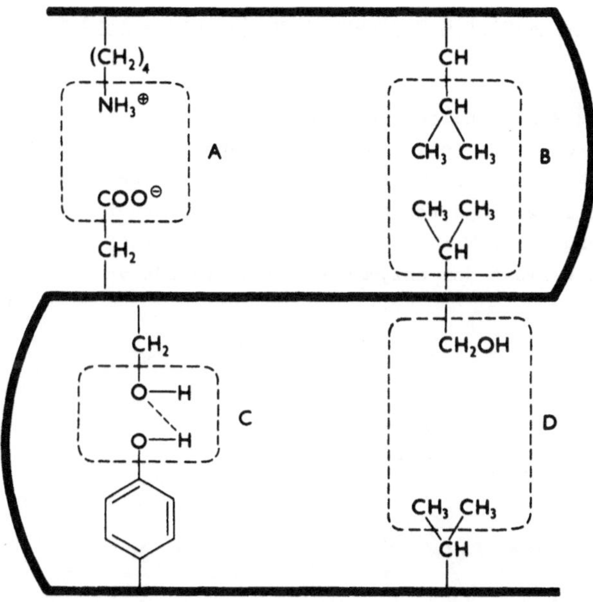

Abb. 11   Bedeutung intramolekularer Wechselwirkungen zwischen
           verschiedenen Seitenketten einer Polypeptidkette.
           A. Elektrostatische Bindungen; B. Hydrophobe Bindun-
           gen; C. Wasserstoffbindungen; D. Van der W a a l s '
           sche Kräfte.

4. Van der W a a l s ' sche Kräfte

Alle Atome jedes Moleküls interagieren mit denen benachbarter Moleküle. Diese Wechselwirkung kommt zustande, wenn die
Abstände zwischen den Molekülen einen bestimmten Grenzwert
erreicht haben (Van der W a a l s -Radius), wobei dieser
von der Kernladung und von der Elektronenverteilung um den
Kern abhängig ist. Auch der minimale Abstand der Atome innerhalb einer Proteinkette wird - wenn sie sich windet und fal-
tet - von Wechselwirkungen dieser Art festgelegt. Die ver-

schiedenen Interaktionen sind in Abb. 11 zusammengestellt.
Die Tertiärstruktur eines Proteins beruht auf der Summe aller dieser Effekte, so daß jeweils die unter den herrschen-
den Bedingungen stabilste Struktur ausgebildet wird. <u>Diese
Struktur stellt den niedrigsten Energiezustand des Systems
dar</u>.

Andere sehr ähnliche Energiezustände des Systems sind möglich, und eine geringfügige Änderung der Bedingungen kann
eine Änderung der Tertiärstruktur zur Folge haben. So wird
beispielsweise durch Erhitzen die Tertiärstruktur über eine
Aufhebung der Windungen und Faltungen zerstört, was mit
einem Verlust der enzymatischen Aktivität verbunden sein
kann.

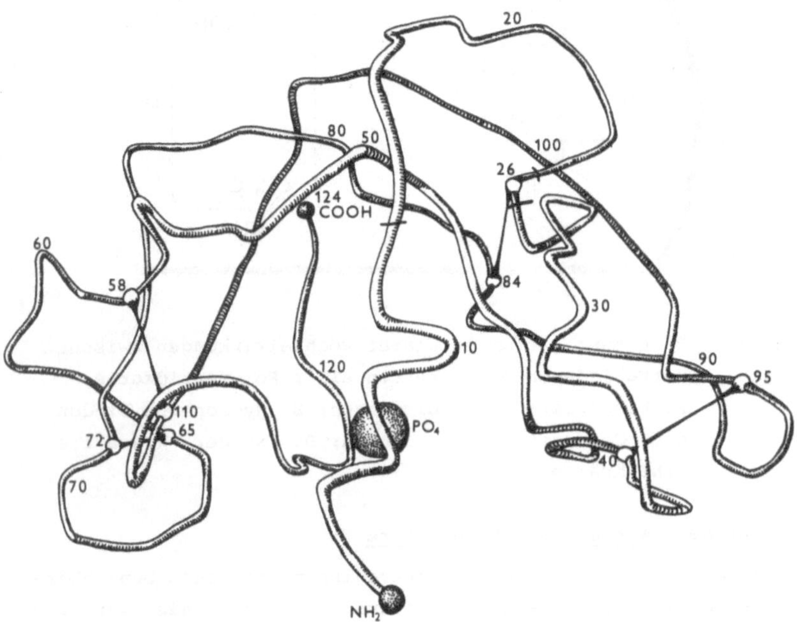

Abb. 12   Tertiärstruktur der Ribonuclease.
          Histidin in Position 12 und 119 sowie Lysin in Position
          7 und 41 liegen im aktiven Zentrum benachbart. (Mit Er-
          laubnis von K a r t h a , B e l l o und H a r k e r,
          1967. Nature, <u>213</u>, 864.)

Kehren wir noch einmal zur Ribonuclease zurück und betrachten in Abb. 12 den Aufbau der Tertiärstruktur dieses Enzyms.
Man kann erkennen, daß durch die kombinierten Effekte der
Sekundär- und Tertiärstruktur die verschiedenen Gruppen, die
an der Ausbildung des aktiven Zentrums beteiligt sind, einander stark angenähert sind und dadurch die für die katalytische Aktivität notwendige Orientierung gewährleistet ist.
Diese Darstellung des Moleküls zeigt insbesondere die Faltung der Polypeptidkette, vermittelt aber keinen Eindruck davon, wie kompakt die Struktur wirklich ist. Deutlich wird jedoch die "Mulde" im Proteinmolekül, in die das RNS-Molekül
hinein paßt.

2.9 Quartärstruktur

Innerhalb der letzten Jahre erkannte man, daß viele Proteine
nicht nur aus einer einzigen gefalteten Polypeptidkette, sondern
aus mehreren räumlich geordneten Polypeptidketten bestehen. Sie
stellen Komplexe aus mehreren Polypeptidketten (Untereinheiten)
dar. Der Aufbau eines Proteins aus einer definierten Anzahl von
Untereinheiten wird als Quartärstruktur bezeichnet. Die Anzahl
der Untereinheiten variiert von Protein zu Protein. Proteine aus
zwei, drei und vier Untereinheiten sind die Regel, aber es wurden auch schon zwölf Untereinheiten in Proteinen nachgewiesen.
Nicht nur Untereinheiten gleicher, sondern auch solche unter-
schiedlicher Natur können die Quartärstruktur aufbauen. Mit dem
Zerfall solcher zusammengesetzter Proteine in ihre Untereinheiten ändern sich in der Regel auch die Eigenschaften des Moleküls. So können z.B. bei Enzymen die Substratspezifität oder die
optimalen Reaktionsbedingungen verändert werden; im Extremfall
kann die katalytische Aktivität vollständig verlorengehen. Im
allgemeinen wird die ursprüngliche Aktivität wiederhergestellt,
wenn sich die monomeren Untereinheiten wieder zur ursprüngli-
chen Quartärstruktur zusammenlagern. Zwischen der monomeren und
polymeren Form besteht ein Gleichgewicht und deshalb ist es offensichtlich, daß Faktoren, die dieses Gleichgewicht beeinflussen, auch die katalytische Aktivität modifizieren und kontrol-
lieren. Im 5. Kapitel behandeln wir Beispiele von Stoffwechsel-

regulationen, die auf der Beeinflussung der Quartärstruktur der beteiligten Enzyme beruhen.

Nachdem wir Einzelheiten der Proteinstruktur beschrieben haben, wenden wir uns nun den Enzymen zu und berücksichtigen solche Eigenschaften und Methoden, die charakteristisch für diese spezialisierten Proteinmoleküle sind.

3. Nomenklatur, Coenzyme und Methoden der Enzymologie

3.1 <u>Nomenklatur</u>

Als die ersten Enzyme entdeckt und partiell charakterisiert wurden, war deren Benennung der Initiative der einzelnen Autoren überlassen. Die Namen aus dieser Zeit spiegeln oft bestimmte, während der Untersuchung in Erscheinung getretene Aspekte wider oder beinhalten Eigenschaften der Enzyme. Der Name <u>Trypsin</u> wurde aus dem Griechischen abgeleitet und heißt soviel wie Reiben, Zermahlen. Er charakterisiert das bei Extraktion des Enzyms aus Pankreas erforderliche Zerreiben des Gewebes in verschiedenen Lösungsmitteln. Wieder andere Enzyme wurden nach ihrem Entdekker benannt oder nach charakteristischen physikalischen Merkmalen, wie z.B. das "alte gelbe Enzym". In einigen Fällen wurde versucht, mit dem Namen schon einen Hinweis auf den Charakter der katalysierten Reaktion zu geben. Eines der ersten Enzyme, das entdeckt wurde, war die <u>Urease</u> aus J a c k -Bohnenmehl. Der Name dieses Enzyms weist zwar schon auf das Enzymsubstrat "Urea" (= Harnstoff) hin, läßt aber keine weiteren Aussagen über die Art der Produkte oder über die Art der Reaktion zu. Er zeigt jedoch, daß zu Beginn des 20. Jahrhunderts die Konvention zur Benennung von Enzymen, die Silbe -ase- an das umgesetzte Substrat anzuhängen, zunehmend beachtet wurde.

Mit der Entdeckung von mehreren hundert Enzymen, von denen einige in der Lage sind, verschiedene Reaktionen desselben Substrats zu katalysieren, war es erforderlich, die Nomenklatur auf eine andere Basis zu stellen. Die Internationale Vereinigung für Biochemie (International Union of Biochemistry = IUB) setzte eine Kommission ein, die Empfehlungen über Klassifizierung und Nomenklatur der Enzyme erarbeiten sollte. Es wurde 1964 festgelegt, daß der Name des Enzyms das Substrat und den Typ der katalysierten Reaktion widerspiegeln soll, und zwar auf der Basis der formalen chemischen Gleichung für die betreffende Reaktion. Um die Nomenklatur zu erleichtern, wurden sechs Hauptklassen geschaffen. Jedes bekannte Enzym wurde einer dieser Hauptklassen zugeordnet. Obwohl dieses System willkürlich ist und in einigen Fällen zu Unregelmäßigkeiten führt, hat es sich doch als sehr nützlich erwiesen und wird jetzt allgemein angewandt. Da einige systematische Namen ziemlich schwerfällig sind, ist die Verwendung der bisher üblichen Trivialnamen weiterhin möglich, vorausgesetzt, daß keine Verwechslungen auftreten können.

Die <u>sechs Hauptklassen der Enzyme</u> werden folgendermaßen definiert:

1. Oxidoreduktasen - katalysieren biologische Redox-Reaktionen.

2. Transferasen - katalysieren den Transfer einer Gruppe von einem Substrat auf ein anderes.

3. Hydrolasen - katalysieren hydrolytische Reaktionen.

4. Lyasen - katalysieren Additionen an Doppelbindungen oder die Eliminierung einer Gruppe von einem Substrat ohne Hydrolyse, oft unter Bildung einer Verbindung mit einer Doppelbindung.

5. Isomerasen - katalysieren intramolekulare Umlagerungen.

6. Ligasen - katalysieren die Ausbildung von Bindungen zwischen zwei Substratmolekülen unter Verbrauch von Energie, die aus der Spaltung von Pyrophosphatbindungen, wie z.B. im ATP, stammt.

Ehe wir die Anwendung dieser Klassifizierung im Detail besprechen wollen, müssen wir auf die Rolle einiger spezifischer, nichtproteinartiger Verbindungen bei enzymatischen Reaktionen eingehen. Derartige Moleküle (zu denen ATP gehört) werden Coenzyme genannt.

3.2 <u>Coenzyme</u>

Viele Enzyme, die ein weites Spektrum ganz verschiedener Reaktio-

nen umfassen, sind nur bei Anwesenheit kleiner, nichtproteinartiger Moleküle, die man prosthetische Gruppen nennt, katalytisch
aktiv. Diese Moleküle können mehr oder weniger fest an das Enzym
gebunden sein. Da sie sehr eng mit dem eigentlichen katalytischen Vorgang verknüpft sind, sind sie auch unter der Bezeichnung Cofaktor oder Coenzym bekannt. Die frühen Autoren neigten
dazu, für diese Gruppen im Falle einer festen Bindung an das En-
zymprotein den Begriff "prosthetische Gruppe" zu verwenden, während die Bezeichnung "Coenzym" eine lose Verbindung der beiden
Partner kennzeichnet. Diese Einteilung ist jedoch rein theoretisch, da bei der Assoziation mit dem Enzym alle Übergänge exi-
stieren. Die Verwendung des Begriffes "Coenzym" für alle nicht-
proteinartigen, an der enzymatischen Katalyse beteiligten Moleküle, ist aussagekräftiger. Der Unterschied zwischen Substrat
und Coenzym ist weniger scharf. In vieler Hinsicht verhält sich
ein Coenzym wie ein Substrat. Während ein und dasselbe Substrat
aber nur an einer begrenzten Anzahl von Reaktionen beteiligt ist,
kann ein Coenzym an einer weitaus höheren Zahl verwandter Reaktionen teilnehmen. In einigen Fällen liegt das Coenzym nach Ablauf der Reaktion unverändert vor. Ist dies nicht der Fall, so
wird gewöhnlich durch eine Folgereaktion der Ausgangszustand
des Coenzyms wiederhergestellt. Man kann deshalb Coenzyme als
kleine, nichtproteinartige Moleküle definieren, die bei einer
Vielzahl enzymatisch katalysierter Reaktionen eine spezifische
Funktion ausüben. Sie liegen am Ende der Reaktion entweder in
unveränderter Form vor oder werden durch einen Folgeprozeß wieder regeneriert.

Wir wollen uns zunächst auf Oxidations-Reduktions-Reaktionen
konzentrieren.
Das am weitesten verbreitete Coenzym, das an diesen Reaktionen
beteiligt ist, ist das Nicotinamid-adenin-dinucleotid, abgekürzt NAD. Nucleotide haben folgende Zusammensetzung:

Base - Zucker - Phosphat

NAD ist als Dinucleotid folgendermaßen aufgebaut:

Nicotinamid - Ribose - Phosphat - Phosphat - Ribose - Adenin

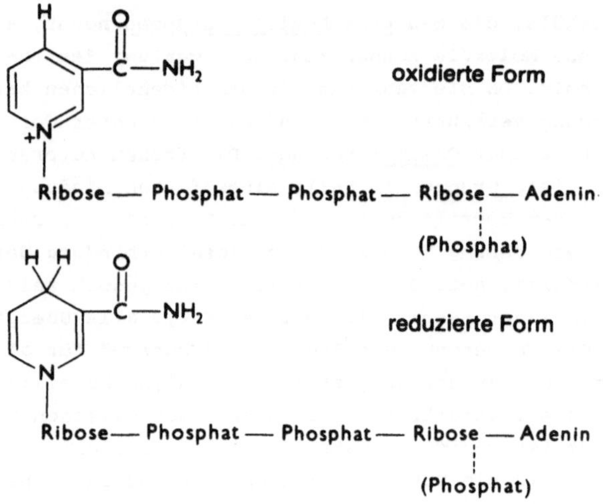

Abb. 13   Struktur der oxidierten bzw. reduzierten Form von NAD
und NADP. Die Nicotinamidringe sind vollständig abge-
bildet, um die Art der Reduktion zu demonstrieren.
Die punktierte Linie zeigt die Position des zusätzlichen Phosphats im NADP an.

Abb. 13 zeigt einen Teil der Struktur des Coenzymmoleküls. Das
Coenzym kann sowohl in reduzierter als auch in oxidierter Form
vorliegen. Die oxidierte Form wirkt während der Katalyse als
Wasserstoffakzeptor. In den Gleichungen wird die oxidierte Form
gewöhnlich als NAD$^+$ abgekürzt. Den erwähnten Vorgang können wir
wie folgt formulieren:

$$NAD^+ + 2H \rightleftharpoons NADH + H^+$$

Der Wasserstoff wird normalerweise dem Substrat der Reaktion
entzogen. Das Coenzym fungiert als Wasserstoffakzeptor. Das dadurch gebildete NADH überträgt den Wasserstoff auf andere Akzep-
toren der Elektronentransportkette der Mitochondrien und wird
dadurch regeneriert.

Das einfachste Beispiel einer Reaktion, an der NAD beteiligt
ist, ist die Oxidation des Äthylalkohols zu Acetaldehyd durch
das Enzym, Alkohol: NAD Oxidoreduktase, das auch unter dem Trivialnamen Alkohol-Dehydrogenase bekannt ist:

$$CH_3CH_2OH + NAD^+ \rightleftharpoons CH_3CHO + NADH + H^+$$

Der systematische Name des Enzyms enthält alle Informationen
über die Reaktion. Er besagt, daß der Alkohol einer Redox-Reak-
tion unterworfen wird und daß NAD Wasserstoffakzeptor ist.

Nicotinamid-adenin-dinucleotid wirkt bei einer Vielzahl verwandter Reaktionen als Wasserstoffakzeptor. Dazu zählt die Oxidation von Alkoholen zu Aldehyden, von Aldehyden zu Säuren und die
Dehydrierung (Oxidation) von Kohlenwasserstoffketten. NAD wirkt
gewöhnlich als Wasserstoffakzeptor; der umgekehrte Fall - NADH
als Wasserstoffdonator - ist ungewöhnlich. Die Reoxidation des
NAD^+ läuft vorwiegend über die Elektronentransportkette.

Nahe verwandt mit dem NAD ist das Coenzym Nicotinamid-adenin-
dinucleotid-phosphat, (NADP). Es unterscheidet sich vom NAD lediglich durch eine zusätzliche Phosphatgruppe an der dem Adenin
benachbarten Ribose (vergl. Abb. 13). In der Funktion unterscheiden sich diese beiden Coenzyme jedoch wesentlich voneinander,
und zwar ist NADP nur bei einer begrenzten Anzahl von Reaktionen Wasserstoffakzeptor. Dagegen dient es bei einer Vielzahl verschiedener Reaktionen als Wasserstoffdonator. Man kann es als
die Quelle der biologischen "Reduktionskraft" betrachten.

Eine vollständig andere Funktion übt das Coenzym Adenosin-tri-
phosphat (ATP) aus. ATP ist wiederum ein Nucleotid, das noch
zwei zusätzliche Phosphatgruppen besitzt. Die einzelnen Bausteine sind wie folgt angeordnet:

Adenin - Ribose - Phosphat - Phosphat - Phosphat

Die Strukturformel des Moleküls ist in Abb. 14 dargestellt.
ATP ist die primäre Quelle von chemischer Energie in der Zelle.
Es entsteht bei der Oxidation von Kohlenhydraten, Fetten, Amino-

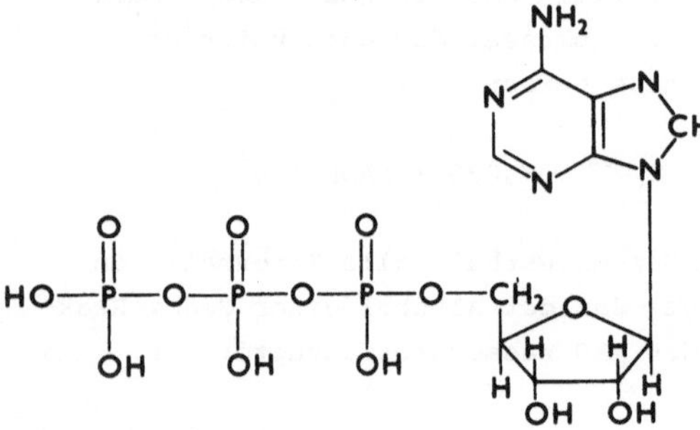

Abb. 14
Struktur des ATP

säuren und vieler anderer kohlenstoffhaltiger Verbindungen zu
Kohlendioxid und Wasser. Diese Prozesse sind einer Verbrennung
vergleichbar, mit dem Unterschied, daß die freigesetzte Energie
nicht in Form von Wärme abgegeben wird. Sie wird stattdessen
zur Bildung von ATP benutzt, das in der Zelle gespeichert und
bei Bedarf mobilisiert wird. Somit hat ATP eine zentrale Stellung im Energiehaushalt der Zelle. Diese Sonderstellung nimmt
es aufgrund seines relativ hohen Energiegehalts ein. Wird die
endständige Phosphatgruppe des ATP unter Bildung von Adenosin-
diphosphat und anorganischem Phosphat hydrolysiert, wird ein
großer Energiebetrag freigesetzt. Dieser kann - in Abhängigkeit
von den intrazellulären Bedingungen - bis zu 50 KJ/Mol betragen.
Die Energie, die bei der Hydrolyse eines einfachen Kohlenhydrat-
Phosphat-Esters, wie Glucose-6-phosphat, zu Glucose und anorganischem Phosphat frei wird, ist beträchtlich geringer. Sie liegt
gewöhnlich in der Größenordnung von 16.7 KJ/Mol. ATP und verschiedene nah verwandte Verbindungen werden wegen der höheren
Energie, die bei ihrer Hydrolyse freigesetzt wird, als "energiereiche Verbindungen" bezeichnet. Es muß darauf hingewiesen
werden, daß nichts Geheimnisvolles an diesen Verbindungen ist.
Lediglich die Tatsache, daß sie bei ihrer Hydrolyse Energie ab-
geben, rechtfertigt ihre gesonderte Behandlung. Gelegentlich
wird die terminale Phosphatbindung als "hoch energiereiche Phosphatbindung" bezeichnet. Die Verwendung dieser Bezeichnung ist
jedoch irreführend, da sie vermuten läßt, daß eine ungewöhnliche

Bindung zwischen den Sauerstoff- und Phosphoratomen besteht. Das
trifft aber nicht zu. Die freigesetzte Energie ist ähnlich hoch,
wenn ADP zu Adenosin-monophosphat (AMP) und anorganischem Phosphat hydrolysiert wird. Wird jedoch die letzte Phosphatgruppe
abgespalten, was der Fall ist, wenn AMP zu Adenosin und anorganischem Phosphat hydrolysiert wird, ist der Energiebetrag geringer. Er liegt in der gleichen Größenordnung wie der bei der Hydrolyse eines einfachen Phosphatesters anfallende Betrag. Die
Gründe für dieses Phänomen sind sehr komplex. Sie beruhen im
Wesentlichen auf der unterschiedlichen Möglichkeit von Resonanz-
strukturen und der relativen Stabilität der ATP-, ADP- und AMP-
Moleküle.

Eine der möglichen Reaktionsweisen des ATP beruht auf der Fähigkeit, als Phosphordonator aufzutreten, so wie NADPH als Wasserstoffdonator wirkt. Der Umsatz von Glucose zu Glucose-6-phosphat
wird von dem Enzym ATP: Glucose-6-phospho-Transferase (Trivialname Glucokinase) katalysiert, entsprechend der Gleichung:

$$\text{ATP + Glucose} \rightleftharpoons \text{ADP + Glucose-6-phosphat}$$

Eine weitere Funktion des Coenzyms ATP besteht darin, die Energie zur Ausbildung einer kovalenten Bindung zwischen zwei Substratmolekülen zu liefern. Die Umwandlung von Pyruvat und Kohlendioxid zu Oxalacetat verläuft entsprechend der folgenden
Gleichung:

$$CH_3\text{-}CO\text{-}COOH + CO_2 + ATP + H_2O \rightleftharpoons HOOC\text{-}CH_2\text{-}CO\text{-}COOH + ADP + \text{Phos-phat}$$

Dabei geht die Hydrolyse des ATP einher mit der Bildung einer
Bindung zwischen zwei Kohlenstoffatomen. Die Enzyme, die derartige Reaktionen katalysieren, werden <u>Ligasen</u> oder <u>Synthetasen</u>
genannt. Der Name des Enzyms in diesem Beispiel lautet: Pyruvat-
Kohlendioxid-Ligase (Trivialname Pyruvat-Carboxylase).

Ein Charakteristikum der Pyruvat-Carboxylase-Reaktion besteht
darin, daß außer ATP ein zweites Coenzym an dem katalytischen

Vorgang beteiligt ist. Dieses zweite Coenzym ist das heterozyklische **Biotin**, das im Gegensatz zum ATP fest an das Enzym gebunden
ist. Seine Wirkung beruht darauf, daß es Kohlendioxid an das Enzym bindet, wodurch die Zusammenlagerung von Pyruvat und Kohlendioxid erleichtert wird. Die Fähigkeit, Kohlendioxid zu binden
und zu übertragen, ist charakteristisch für das Coenzym Biotin.

Die oben erwähnten Beispiele stehen für eine Vielzahl anderer Coenzyme, die alle eine spezifische Rolle im Stoffwechselgeschehen
spielen. Einige Coenzyme sind mit den **Vitaminen** nahe verwandt.
So ist die als Vitamin wirksame Nicotinsäure die direkte Vorstu-
fe vom Nicotinamidteil des NAD-Moleküls. Ein ausreichender Nico-
tinsäuregehalt der Nahrung ist für den Menschen nützlich, aber
nicht essentiell, da der Organismus Nicotinamid aus der Aminosäure Tryptophan zu bilden vermag. Bei einigen anderen Coenzymen ist
jedoch die Aufnahme ihrer Vitaminvorstufen mit der Nahrung absolut essentiell für die normale Funktion des Stoffwechsels.

3.3 Klassifizierung und Numerierung von Enzymen

Tabelle 4 zeigt die sechs Hauptklassen der Enzyme sowie die Ge-
sichtspunkte, die zu einer weiteren Unterteilung in Unterklassen
ausschlaggebend sind. Zusätzlich ist ein charakteristisches Enzym aus jeder Kategorie mit der dazugehörigen Nummer aufgeführt.
Diese Nummer setzt sich aus vier Ziffern zusammen. Die erste
Ziffer bezieht sich auf die Einteilung in Hauptklassen. Ziffer
zwei und drei geben die Unterklasse und deren weitere Unterteilung entsprechend dem jeweiligen Akzeptor an, während die vierte
Ziffer die Art des umgesetzten alkoholischen Substrats bzw. den
Akzeptor, bzw. das Produkt charakterisiert. Die vollständige
Numerierung der Alkohol-Dehydrogenase lautet:

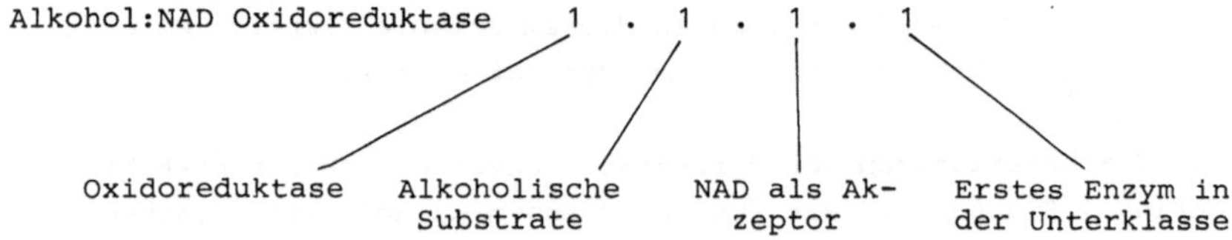

Tabelle 4   Einteilung und Numerierung der Enzyme

---

1. Oxidoreduktasen

    Untergruppe: Art des Substrates, z.B. Alkohol
    1.1.1.27   Lactat:NAD Oxidoreduktase

2. Transferasen

    Untergruppe: Art der übertragenen Gruppe, z.B. Phosphat
    2.7.1.2   ATP:Glucose-6-phospho-Transferase

3. Hydrolasen

    Untergruppe: Art der hydrolysierten Bindung, z.B. Ester-
                  bindung
    3.1.3.9   Glucose-6-phosphat-Phosphohydrolase

4. Lyasen

    Untergruppe: Art des Substrates, z.B. Amin
    4.3.1.1   Aspartat-Ammoniak-Lyase

5. Isomerasen

    Untergruppe: Typ der Umlagerung, z.B. Racemase
    5.1.1.1   Alanin-Racemase

6. Ligasen

    Untergruppe: Art der geknüpften Bindung, z.B. C-C-Bindung
    6.4.1.1   Pyruvat:Kohlendioxyd-Ligase

3.4 <u>Bestimmung der Enzymaktivität</u>

Es ist praktisch unmöglich, die Menge eines Enzyms direkt zu messen. Theoretisch kann man sie bestimmen, wenn sich das Enzym
durch irgendein charakteristisches Merkmal, wie z.B. durch den
Gehalt an Metallionen, auszeichnet. Dann kann mit der Messung
dieser Komponente gleichzeitig die Enzymmenge erfaßt werden. Die
Anwendung dieser Methode setzt jedoch voraus, daß kein anderer
Partner des Systems das betreffende Metallion enthält. Da diese
Voraussetzung nur für die reinsten Enzympräparate zutrifft, kann
diese Methode in der Regel nicht angewandt werden.

Im allgemeinen werden Enzyme aufgrund ihrer katalytischen Aktivität bestimmt. Dabei vergleicht man die Geschwindigkeit einer
katalysierten Reaktion mit der einer nichtkatalysierten Reaktion.
Bei den meisten Reaktionen ist der Umsatz der nichtkatalysierten
Reaktion sehr gering und kann für alle praktischen Zwecke vernachlässigt werden. Trotzdem muß man sich, bevor man diese Nä-
herungsannahme macht, davon überzeugen, daß die Umsatzrate unter
allen experimentellen Bedingungen gering ist.

Die Zahl der Nachweisverfahren ist so verschiedenartig wie die
Anzahl der bekannten, enzymatisch katalysierten Reaktionen.
Einige Techniken finden jedoch verbreitet Anwendung.

1. Spektralphotometrie

Tritt bei der Umwandlung des Substrats zum Produkt eine spezifische und ausreichend hohe Änderung in den Absorptions-
eigenschaften des Systems im ultravioletten oder im sicht-
baren Bereich des Spektrums auf, so kann die Reaktion über
diese Veränderung verfolgt werden. Diese Methode ist dann
von besonderem Vorteil, wenn NAD als Coenzym in den Reaktionen auftritt. Sowohl NAD als auch NADH zeigen bei einer
Wellenlänge von 260nm Absorptionsmaxima. Gleichmolare Lö-
sungen zeigen bei dieser Wellenlänge nur geringfügige Unterschiede in der Absorption. NADH weist jedoch ein zusätzli-
ches Maximum bei 340nm auf, während die Absorption von NAD
bei dieser Wellenlänge sehr gering ist (Abb. 15).

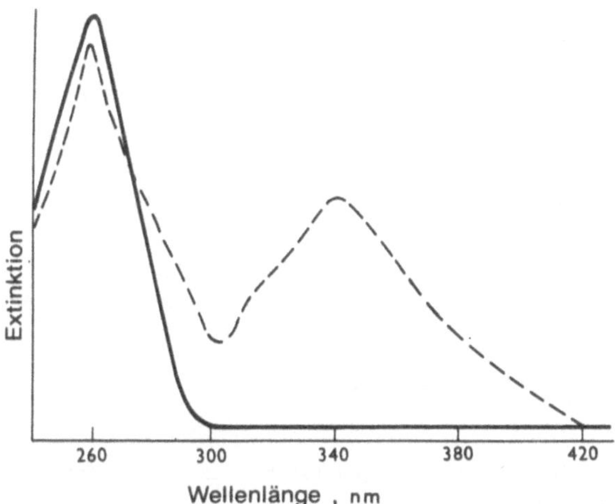

Abb. 15   Absorptionsspektrum von NAD (ausgezogene Linie)
           und NADH (unterbrochene Linie)

Zur Bestimmung der Aktivität der Alkohol-Dehydrogenase wird
in einer Lösung von Alkohol und NAD die Absorption bei 340nm
gemessen. Nach Zugabe einer definierten Enzymmenge zu dieser
Lösung bei Versuchsbeginn, verfolgt man die Absorption des
Systems in Abständen von 15 sec über einen Zeitraum von 3 min.
Der Anstieg der Absorption ist ein Maß für das gebildete
NADH und somit auch ein Maß für die Geschwindigkeit der En-
zymreaktion.

Als Einheit der Enzymaktivität wird die Enzymmenge verstanden, die den Umsatz von einem Mikromol Substrat zum Produkt
pro Minute unter genau spezifizierten Bedingungen katalysiert. Die genau spezifizierten Bedingungen schließen den
pH-Wert, die Substratkonzentration sowie die Temperatur ein.
Es wurden verschiedene Standardtemperaturen vorgeschlagen,
aber die für die Reaktion zu wählende Temperatur hängt vom
biologischen Ursprung des zu untersuchenden Enzyms ab. So
werden Enzyme von Warmblütern gewöhnlich bei 37°C, solche

von Mikroorganismen bei niedrigeren Temperaturen - etwa bei
25°C - untersucht. In dem Beispiel der Alkohol-Dehydrogenase
kann man, da die Absorption einer molaren Lösung von NADH
bekannt ist, die Menge des pro Zeiteinheit gebildeten NADH
ermitteln und daraus die Enzymeinheiten bestimmen.

Bei den Untersuchungen von hydrolytischen Enzymen werden bevorzugt synthetische Substrate, die vom o- oder p-Nitrophenol abgeleitet werden, eingesetzt. So hydrolysiert Arylsulfatase p-Nitrophenylsulfat gemäß folgender Gleichung:

$$O_2N\text{—}\langle\bigcirc\rangle\text{—}O\text{-}SO_3H + H_2O \rightleftharpoons O_2N\text{—}\langle\bigcirc\rangle\text{—}OH + H_2SO_4$$

Das abgespaltene p-Nitrophenol hat im alkalischen pH-Bereich
ein Absorptionsmaximum bei 400nm, während das organische Sul-
fat bei dieser Wellenlänge eine zu vernachlässigende Absorption besitzt. Führt man die Enzymreaktion im alkalischen Milieu durch oder stoppt man die Reaktion nach jeweils vorge-
gebenen Zeiten durch Zugabe von starkem Alkali, läßt sich
die Enzymaktivität aufgrund der erhöhten Absorption bei 400nm
bestimmen. Es gibt zahlreiche ähnliche Substrate, die in der
beschriebenen Weise verwendet werden können.

2. Bestimmung des pH-Wertes

Bei vielen Reaktionen, insbesondere Hydrolysen, entstehen
saure Produkte. Durch die Wirkung von Arylsulfatase entsteht
Schwefelsäure, und so kann man die Reaktion in einer unge-
pufferten Lösung mit einem empfindlichen pH-Meter verfolgen.
Der Nachteil dieser Methode besteht darin, daß sich der pH-
Wert laufend verändert und dies wiederum die Enzymaktivität
beeinträchtigt, die in der Regel gegenüber pH-Änderungen
empfindlich ist. Um diesem Nachteil zu begegnen, wurde ein
Gerät, das "pH-Stat" genannt wird, entwickelt, welches den
pH-Wert überwacht. Bei diesem Verfahren wird durch Zugabe von
Säure oder Base der pH-Wert des Reaktionsgemisches konstant
gehalten; gleichzeitig wird die zugefügte Menge registriert.

3. Manometrische Methoden

Diese Technik wird oft bei Atmungsstudien herangezogen, z.B. bei der Sauerstoffaufnahme und gleichzeitiger Kohlendioxidproduktion von Zellhomogenaten. Dabei wird die Druckänderung eines Systems bei konstantem Volumen gemessen. Durch geeignete Verfeinerungen kann die Aufnahme von Sauerstoff und die Bildung von Kohlendioxid errechnet werden. Dieser direkte Weg kann nur bei wenigen Enzymuntersuchungen beschritten werden, da nur bei einer beschränkten Anzahl von Reaktionen eine Gasaufnahme oder -entwicklung auftritt. Diese Technik kann ausgedehnt werden auf das Studium von Reaktionen, bei denen Säure gebildet wird, indem man dem System Bicarbonat zusetzt und das durch die Säure freigesetzte Kohlendioxid mißt.

In jüngster Zeit hat diese Technik durch die Entwicklung von sauerstoff-sensitiven Elektroden etwas an Bedeutung verloren. Diese Elektroden messen direkt die Sauerstoffspannung einer Lösung analog zu der Bestimmung des pH-Wertes durch Wasserstoffelektroden.

4. Allgemeine chemische Methoden

In einigen Fällen ist keine dieser spezifischen Nachweismethoden anwendbar. In diesen Fällen ist es notwendig, eine allgemeine, rein chemische Methode zu verwenden, um die Abnahme des Substrates oder das Auftreten des Produktes zu verfolgen. So werden z.B. Enzyme, die die Hydrolyse von Phosphatestern katalysieren, dadurch gemessen, daß man zunächst die Reaktion durch eine drastische pH-Veränderung oder durch eine Hitzeinaktivierung des Enzyms abstoppt und dann das freigesetzte Phosphat durch Standardverfahren, wie z.B. Bildung des Phosphomolybdatkomplexes und dessen Reduktion bestimmt. In ähnlicher Weise wird bei der Bestimmung von Proteasen verfahren; hier wird die Zunahme der freien Aminogruppen im Reaktionsgemisch ermittelt. Wegen ihrer Schnelligkeit, Einfachheit und Empfindlichkeit werden weitgehend colorimetrische Verfahren für diese Analysen verwendet. Tatsächlich ist das Spektralphotometer das wichtigste Werkzeug des Enzymologen.

3.5 <u>Bestimmung der Aminosäuresequenz</u>

Um eine enzymkatalysierte Reaktion verstehen zu können, ist es
notwendig, die Struktur des Enzyms vollständig aufzuklären. Der
erste Schritt hierzu ist die Bestimmung der Aminosäuresequenz
des Moleküls.

Voraussetzung für die Bestimmung der Sequenz ist die Analyse der
Aminosäurereste des Moleküls. Dazu wird eine gereinigte Protein-
probe in einer verschlossenen Ampulle unter einer Stickstoffat-
mosphäre 24 Stunden lang bei 105°C mit 6M Salzsäure hydrolysiert
(oder alternativ durch 4-stündiges Autoklavieren bei 1.034 bar).
Die Lösung der Aminosäuren wird anschließend unter reduziertem
Druck zur Trockne gebracht und der Rückstand in einem Puffer von
niedrigem pH-Wert wieder aufgenommen. Diese Lösung wird dann über
eine mit Ionenaustauscherharz gefüllte Säule geleitet. Diese
Ionenaustauscherharze werden aus Polymeren, wie z.B. Polystyrol,
hergestellt, die mit verschiedenen dissoziierenden Gruppen sub-
stituiert worden sind. Das Material hat die Gestalt von kleinen
Kugeln, die eine möglichst einheitliche Größe aufweisen sollen.
Nur auf diese Weise ist eine gleichmäßige, reproduzierbare Durch-
flußrate durch die Säule gewährleistet. Zusätzlich dazu muß während der Herstellung des Kunstharzes das Ausmaß der Vernetzung
zwischen den einzelnen Molekülketten sorgfältig kontrolliert werden. Harze von hohem Vernetzungsgrad stellen ein sehr dichtes
Netz dar und gestatten nur sehr kleinen Molekülen den Durchfluß.
Solche Kunstharze sind geeignet für die Auftrennung von Aminosäuren und ähnlich großen Molekülen, aber nicht für die von Proteinen. Proteine würden in dem Netzwerk zurückgehalten werden.
Alle Aminosäuren weisen bei niedrigem pH-Wert eine positive Ladung auf und werden beim Durchlaufen der Säule zunächst fest an
das negativ geladene Kunstharz gebunden. Zur Trennung von Aminosäuren wird bevorzugt Polystyrol, das mit Sulfonsäuregruppen sub-
stituiert ist, benutzt. Sulfonsäure ist eine sehr starke Säure
und kann als vollständig dissoziiert angesehen werden.

$$\text{Harz} - SO_3H + H_2O \;\rightleftharpoons\; \text{Harz} - SO_3^- + H_3O^+$$

Im sauren Milieu liegt die Aminosäure folgendermaßen vor:

H_3N^+-CHR-COOH. Daraus resultiert das folgende Gleichgewicht, das auf der rechten Seite liegt:

$$\text{Harz} - SO_3^- + {}^+H_3N\text{-CHR-COOH} \rightleftharpoons \text{Harz} - SO_3^- - {}^+H_3N\text{-CHR-COOH}$$

Die Aminosäuren sind infolgedessen elektrostatisch an das Trägermaterial der Säule gebunden. Wird der pH-Wert des Elutionspuffers erhöht, so verringert sich die positive Ladung der Aminosäuren so lange, bis ein Punkt erreicht wird, an dem ihre Bindung an das Harz so schwach ist, daß sie von der Säule ausgewaschen werden. Dieser Punkt wird für jede Aminosäure bei einem anderen pH-Wert erreicht und hängt ab von den Eigenschaften anderer ionisierbarer Gruppen des Moleküls bzw. - im Falle der unpolaren Aminosäuren - von der Natur der Seitenkette. Infolgedessen kann man eine saubere reproduzierbare Trennung aller Aminosäuren erreichen, wenn man die Aminosäuren bei niedrigem pH absorbiert und dann langsam den pH und die Ionenstärke der Elutionsflüssigkeit erhöht. Dieses Verfahren ist heute schon voll automatisiert. Dabei wird das Aminosäuregemisch automatisch auf eine Säule aufgetragen, die wegen des besseren Trenneffektes mindestens zwei verschiedene Typen von Harzen enthält. Mit einem Puffer von steigender Ionenstärke und zunehmendem pH-Wert werden die Aminosäuren eluiert und nach dem Austritt aus der Säule colorimetrisch bestimmt sowie registriert. Bei den modernsten Geräten werden die colorimetrisch ermittelten Daten einem Tisch-Computer eingegeben, der die Menge der einzelnen Aminosäuren und deren prozentualen Anteil an der Ausgangsprobe errechnet.

Wenn die Aminosäurezusammensetzung des Enzyms aufgeklärt ist, werden im nächsten Schritt die endständigen Aminosäuren der Proteinketten, die N- und C-terminalen Aminosäurereste, identifiziert. Die N-terminale Aminosäure wird am einfachsten mit <u>1-Fluor-2,4-Dinitrobenzol</u> (FDNB), das mit Aminogruppen unter Ausbildung einer gelbgefärbten DNP-Aminosäure (Dinitrophenyl-Aminosäure) reagiert, bestimmt.

$$O_2N\!\!-\!\!\bigcirc\!\!-\!\!F + H_2N\text{-}R = HF + O_2N\!\!-\!\!\bigcirc\!\!-\!\!NH\text{-}R$$

Dazu wird das Protein mit einer alkoholischen Lösung von FDNB
behandelt. Nach Abschluß der Reaktion wird das Gemisch sorgfältig mit Äther extrahiert, um überschüssige Reagenzanteile zu
entfernen. Das gelbgefärbte DNP-Protein wird - wie zuvor - mit
Salzsäure hydrolysiert, und die durch die Hydrolyse freigesetz-
ten DNP-Aminosäuren werden mit Äther extrahiert. Danach liegen
zwei Arten von DNP-Aminosäuren in der Lösung vor, nämlich solche, die aus der Reaktion der N-terminalen Aminosäuren mit FDNB
entstehen und solche, die durch Nebenreaktionen des FDNB mit bestimmten Seitengruppen der Aminosäuren gebildet werden. Hierzu
gehören Reaktionen des FDNB mit der ε-Aminogruppe von Lysin sowie der phenolischen Gruppe des Tyrosins. Handelt es sich um ein
gereinigtes Enzym und besteht dieses nur aus einer Kette bzw.
einem einzigen Typ einer Kette, so entsteht nur eine DNP-Aminosäure aufgrund der Reaktion mit einer α-Aminogruppe, da es je
Proteinkette nur eine einzige freie α-Aminogruppe gibt. Die anderen Aminosäurederivate kann man entfernen, indem man die Äther-
extrakte selektiv reinigt. Dann wird das Material auf Papier oder
üblicher auf einer Glasplatte, die mit einer dünnen Schicht von
Silicagel belegt ist, chromatographiert. Die N-terminale Gruppe
wird identifiziert, indem man die Laufstrecke der unbekannten
DNP-Aminosäure mit der von bekannten DNP-Aminosäure-Standards
vergleicht. Durch eine colorimetrische Messung der gelbgefärbten DNP-Aminosäure kann die Menge der N-terminalen Gruppe, die
aus der bekannten Proteinmenge entstanden ist, bestimmt werden.
Ist weiterhin das Molekulargewicht des Proteins bekannt, so läßt
sich zusätzlich die Anzahl der Ketten pro Molekül berechnen. Diese Technik wurde durch zahlreiche Verbesserungen verfeinert; und
durch die Entwicklung anderer, ähnlich spezifisch wirkender Reagenzien konnte die Empfindlichkeit dieser Methode beträchtlich
erhöht werden. Dennoch ist die von S a n g e r in den späten
vierziger Jahren entwickelte Methode noch im Gebrauch, und sie
bildet die Grundlage für die Mehrzahl der anderen Methoden.

Unglücklicherweise sind die zur Bestimmung der C-terminalen Aminosäuren verfügbaren Methoden aufwendiger und weniger zuverläs-
sig. Man macht sich dabei zunutze, daß Hydrazin nur mit den Car-
boxylresten der Peptidbindungen unter Ausbildung von Hydraziden
reagiert, freie Carboxylgruppen dagegen nicht angreift. Durch

eine Behandlung des Proteins mit Hydrazin unter genau kontrollierten Bedingungen wird dieses gespalten. Es bilden sich die Hydra-
zide von allen Aminosäuren mit Ausnahme der C-terminalen. Diese
freie Aminosäure kann von den anderen Komponenten abgetrennt und
durch chromatographische Verfahren identifiziert werden.

Will man die Aminosäuresequenz eines Proteins bestimmen, so ist
es notwendig, das Protein in eine begrenzte Anzahl kleiner Pep-
tideinheiten zu zerlegen. Diese Spaltung muß spezifisch und re-
produzierbar sein, damit eine genügend große Menge an Peptiden
für die folgende Analyse gebildet wird. Deshalb wird diese Spaltung der Proteine oft durch die Verwendung gereinigter proteoly-
tischer Enzyme - vorwiegend Trypsin, Chymotrypsin und Pepsin -
herbeigeführt. Für diese Hydrolyse sind nur sehr geringe Mengen
dieser Enzyme notwendig. Neuerdings wurden aktive Derivate dieser Enzyme hergestellt, die an ein inertes, unlösliches, polyme-
res Trägermaterial gebunden sind. Verwendet man diese unlöslichen Derivate, können die Enzyme durch Zentrifugation zurückgewonnen und nochmals eingesetzt werden.

Wir betrachten das folgende Decapeptid:

$$Ala-Phe-Gly-Leu-Lys-Tyr-Val-Arg-Gly-His-$$

Man ermittelt zunächst die Aminosäurezusammensetzung und die N-
terminale Aminosäure. In diesem Fall steht Alanin N-terminal.
Chymotrypsin katalysiert die Hydrolyse solcher Peptidbindungen,
bei deren Bildung die Carboxylgruppen von aromatischen Aminosäuren, wie Tyrosin, Phenylalanin oder Tryptophan geliefert werden.
In dem betrachteten Beispiel erhält man daher nach Behandlung
mit Chymotrypsin folgende drei Peptide:

(A) Ala-Phe-   (B) Gly-Leu-Lys-Tyr-   (C) Val-Arg-Gly-His-

Die Struktur von A kann durch die Bestimmung der N-terminalen
Aminosäure und der Aminosäurezusammensetzung bestätigt werden.
Entsprechend kann die Aminosäurezusammensetzung von B und die N-
terminale Aminosäure (Glycin) bestimmt werden. Aus der Spezifität von Chymotrypsin läßt sich ableiten, daß Tyrosin der C-ter-

minale Aminosäurerest von B ist. Auf die Reihenfolge von Leucin
und Lysin kann aufgrund dieser Experimente jedoch nicht geschlos-
sen werden. Im Peptid C nimmt Valin die N-terminale Stellung ein.
Die Sequenz von Arginin, Glycin und Histidin kann mit den bishe-
rigen Methoden nicht ermittelt werden. Ebenso ist die Reihenfolge, in der die Peptide B und C im Ausgangspeptid vorliegen, nicht
bekannt, doch läßt die Gegenwart von Tyrosin im Peptid B auf die
Folge ABC schließen.

Trypsin katalysiert die Hydrolyse solcher Peptidbindungen, bei
deren Bildung die Carboxylgruppen von basischen Aminosäuren wie
Lysin und Arginin herrühren. Der Abbau des Decapeptids durch
Trypsin führt infolgedessen zu den folgenden drei Peptiden:

(D) Ala-Phe-Gly-Leu-Lys-   (E) Tyr-Val-Arg-   (F) Gly-His-

Im Peptid D ist Alanin die N-terminale Gruppe, und aus der Aminosäurezusammensetzung und aus der Spezifität des Trypsin kann
man ableiten, daß Lysin die C-terminale Aminosäure darstellt.
Bei einem Vergleich des Peptids D mit den bei der Hydrolyse
durch Chymotrypsin anfallenden Peptiden kann man erkennen, daß
die Reihenfolge ABC ist und daß die Sequenz von Peptid D in der
dargestellten Form zutrifft. Die Sequenz der Peptide nach der
tryptischen Verdauung kann entsprechend als DEF bestimmt werden.
Damit ist die Aminosäuresequenz des Decapeptids vollständig bestimmt.

Naturgemäß bringt die Sequenzbestimmung eines großen Proteinmoleküls größere Probleme mit sich; aber das Prinzip der Analyse
ist im Wesentlichen das Gleiche, wie es soeben für das Decapeptid im einzelnen beschrieben wurde. Zunächst wird das Protein
durch Trypsin und Chymotrypsin in kleinere, gut definierte Peptide zerlegt. Diese Peptide werden danach durch eine geeignete
Technik, die die Ladungsverhältnisse der Peptide ausnutzt, ge-
trennt. Dazu zählt die Elektrophorese, bei der geladene Teilchen
in einem elektrischen Feld wandern. Diese Wanderung wird sowohl
von der Ladung als auch von der Molekülgröße beeinflußt. Eine
weitere Methode ist die Ionenaustauschchromatographie, bei der
die Auftrennung der Probe auf einer unterschiedlich festen Bin-

dung der einzelnen Komponenten unter verschiedenen Bedingungen
an das geladene Ionenaustauschharz beruht. Die detaillierte Sequenz der Peptide wird dann bestimmt. Mit Hilfe der durch die
Einwirkung der beiden Enzyme entstandenen unterschiedlich großen und sich dadurch überlappenden Peptide läßt sich die Aminosäuresequenz des Proteins ermitteln. Um die Strukturaufklärung
sehr großer Proteine zu erleichtern, können zusätzlich Reagenzien eingesetzt werden, die nur die Peptidbindungen zwischen bestimmten Aminosäureresten spalten. Ein Beispiel dafür ist Brom-
cyan, das eine Spaltung nach einem Methioninrest herbeiführt.
Dadurch wird das Protein zunächst in handlichere Peptide gespalten. Auf diese Weise wurden die Strukturen von Proteinen, die
aus einigen hundert Aminosäuren aufgebaut sind, aufgeklärt.

3.6 Bestimmung des aktiven Zentrums

Es wurden verschiedene Verfahren entwickelt, um die im aktiven
Zentrum eines Enzyms beteiligten Aminosäuren zu identifizieren.
Wir stellen die Besprechung der physikalischen und kinetischen
Methoden zurück - sie werden im folgenden Kapitel besprochen -
und beschäftigen uns zunächst mit den chemischen Methoden. Letztere lassen sich in zwei Gruppen einteilen. Es können entweder
Substrate bzw. Substratanaloga oder gruppenspezifische Reagenzien eingesetzt werden. Unter letzteren versteht man Reagenzien,
die mit spezifischen Aminosäuregruppen reagieren aber keine Ver-
wandtschaft zum Substrat des Enzyms aufweisen.

Ein Beispiel für die erste Gruppe ist das Diisopropylfluorophos-
phat (DFP) zur Bestimmung des aktiven Zentrums von Proteinasen.
DFP reagiert mit den Hydroxylgruppen von Serinresten.

$$\left(\begin{array}{c}CH_3 \\ \\ CH_3\end{array}\!\!>\!\!CHO\right)_2 \overset{O}{\overset{\|}{P}}-F + ROH \longrightarrow \left(\begin{array}{c}CH_3 \\ \\ CH_3\end{array}\!\!>\!\!CHO\right)_2 \overset{O}{\overset{\|}{P}}-OR + HF$$

Das DFP-Molekül weist genügend Ähnlichkeit mit dem eigentlichen
Substrat auf, um eine dem Enzym-Substrat-Komplex vergleichbare

kovalente Bindung mit dem Enzym zu bilden. Allerdings ist die
Stabilität dieses Komplexes größer als die des echten Substrat-
Komplexes, so daß sein Zerfall zu vernachlässigen ist. Obgleich
das DFP durchaus mit jedem Serinrest des Moleküls reagieren kann,
reagiert es, wenn die Zeit und die Bedingungen der Reaktion sorgfältig kontrolliert werden, bevorzugt mit dem Serin des aktiven
Zentrums. Dies liegt wahrscheinlich daran, daß das Serin des aktiven Zentrums reaktionsfähiger und besser zugänglich ist als
die übrigen Serinreste, die in irgendeiner Falte der Sekundär-
und Tertiärstruktur verborgen sein können. So reagiert DFP zunächst nur mit einem einzigen der Serinreste des Chymotrypsins.
Nach der Reaktion wird dieses Protein hydrolysiert und der spezielle Aminosäurerest, der mit DFP reagiert hat, wird in ähnlicher Weise bestimmt wie die Aminosäuresequenz eines Proteins.
Führt die Reaktion eines Proteins mit DFP nicht zu einem Verlust
der enzymatischen Aktivität des Enzyms, darf man schließen, daß
Serin nicht an der Ausbildung des aktiven Zentrums des Enzyms
beteiligt ist. Es gibt eine Reihe von Proteinasen und Esterasen,
die spezifisch durch DFP gehemmt werden und deren Aminosäuresequenz im aktiven Zentrum bekannt ist. Diese Sequenz der einzelnen Enzyme ist in Tabelle 5 zusammengefaßt. Die dem Serinrest
benachbarten Aminosäuren sind in den meisten Fällen ähnlich.
Man vermutet, daß der Mechanismus der katalysierten Reaktion für
alle diese Enzyme sehr ähnlich ist und daß für die Substratspezifität der Enzyme andere Regionen des aktiven Zentrums verantwortlich sind. Diese Regionen bestimmen, welches Molekül fest
an das Enzym gebunden wird. Das aktive Zentrum eines Enzyms kann
demnach unterteilt werden, und zwar in solche Reste, die das
Substratmolekül binden und in solche, die die Umwandlung der
Bindungen im Substratmolekül katalysieren - <u>Bindungsstellen</u> und
<u>katalytische Stellen</u>.

Für zahlreiche Enzyme gibt es keine brauchbaren Substrate oder
Substratanaloga, die eine kovalente Bindung mit dem Enzym ausbilden. In diesen Fällen müssen weniger spezifische Gruppenrea-
genzien benutzt werden. Die Aktivität vieler Oxidoreduktasen
hängt von der Sulfhydrylgruppe des Cysteins am aktiven Zentrum
ab. Diese Sulfhydrylgruppen reagieren mit <u>p-Chlormercuribenzoat</u>
(PCMB).

$$R-SH + Cl-Hg-C_6H_4-COOH = R-S-Hg-C_6H_4-COOH + HCl$$

Jedoch reagieren nicht nur die SH-Gruppen des aktiven Zentrums, sondern auch verschiedene andere Gruppen der Aminosäureseiten- ketten mit PCMB. Wenn ein Enzym bei Reaktion mit PCMB seine ka- talytische Aktivität einbüßt, kann man infolgedessen eine Blok- kierung des aktiven Zentrums durch PCMB nicht unterscheiden von einer Veränderung der Tertiärstruktur mit einer Zerstörung der Konformation des aktiven Zentrums. Diese Schwierigkeit kann zum Teil dadurch beseitigt werden, daß man das Enzym in Gegenwart eines Substratüberschusses mit PCMB reagieren läßt. Das Substrat wird an das aktive Zentrum gebunden, wodurch dessen Reaktion mit PCMB verhindert wird. Das überschüssige PCMB und das Substrat werden anschließend entfernt und die katalytische Aktivität wird überprüft. In einigen Fällen ist das Enzym noch aktiv. Läßt man dieses Enzym jetzt mit weiterem PCMB in der Abwesenheit von Sub- strat reagieren, kann nur noch das aktive Zentrum eine Reaktion eingehen. Geht die katalytische Aktivität jetzt verloren, dann enthält das Zentrum eine Gruppe, die mit PCMB zu reagieren ver- mag. Wird im zweiten Reaktionsschritt radioaktiv markiertes PCMB verwendet, können Eigenschaften der reagierenden Aminosäure so- wie deren Position in der Proteinkette ermittelt werden.

Tabelle 5   Die dem Serin im aktiven Zentrum einiger Proteinasen und Esterasen benachbarten Aminosäuren

Chymotrypsin	Asp-Ser-Gly-
Trypsin	Asp-Ser-Gly-
Elastase	Asp-Ser-Gly-
Thrombin	Asp-Ser-Gly-
Subtilisin	Thr-Ser-Met-
Caseinase	Thr-Ser-Met-
Acetylcholinesterase	Glu-Ser-Ala-
alkalische Phosphatase	Asp-Ser-Ala-

In ähnlicher Weise kann durch Jodierung eines Proteins ein Akti-
vitätsverlust auftreten, wenn Tyrosin ein Bestandteil des aktiven Zentrums ist. Durch eine Behandlung mit FDNB sind Lysin-,
Histidin- und Tyrosinreste im aktiven Zentrum nachweisbar. Keine
der beschriebenen Methoden ist absolut spezifisch und schlüssig
bei der Bestimmung des aktiven Zentrums. Jedoch konnte durch
eine Kombination der Methoden und durch Einbeziehung der Ergebnisse kinetischer Untersuchungen die Natur des aktiven Zentrums
vieler Enzyme aufgeklärt werden.

3.7 Bestimmung der Größe und Form des Moleküls

Eine ausführliche Behandlung physikalischer Techniken zur Bestimmung der Größe und der Form von Enzymmolekülen ist außer-
halb des Rahmens dieses Buches; hier soll nur eine kurze Beschreibung der verwendeten Methoden gegeben werden.

Eine der gängigsten Methoden zur Ermittlung des ungefähren Mole-
kulargewichtes eines Proteins ist die Gelfiltration. Hierzu läßt
man eine Probe des gelösten Enzyms eine Säule passieren, die mit
kugelförmigen Partikeln aus einer vernetzten polymeren Substanz
gefüllt ist. Moleküle von der Größe der Aminosäuren vermögen in
die Poren der Partikel einzudringen, während größere Proteinmoleküle dazu nicht in der Lage sind und die Säule direkt passieren; d.h. Proteinmoleküle werden von den Partikeln ausgeschlossen. Moleküle mittlerer Größe haben größere Schwierigkeiten, in
die Gelpartikel einzudringen, als Aminosäuren; sie werden teil-
weise ausgeschlossen. Dieses Phänomen ist in Abb. 16 schematisiert dargestellt. Die Porengröße ist so gewählt, daß das untersuchte Protein partiell ausgeschlossen wird.

Die theoretischen Grundlagen dieser Technik sind sehr kompli-
ziert; die praktische Anwendung zur Molekulargewichtsbestimmung
ist jedoch sehr einfach. Ein geringes Volumen einer konzentrierten Lösung, die sowohl Proteine von bekannten Molekulargewich-
ten als auch das unbekannte Protein enthält, wird auf eine Säule mit Gelpartikeln aufgetragen. Die Gelpartikel müssen zuvor
in einem geeigneten Puffer vorgequollen werden, bevor ein gleich-

Abb. 16   Darstellung des Prinzips der Gelfiltration. Gezeigt
           sind eingeschlossene, ausgeschlossene sowie teilwei-
           se ausgeschlossene Moleküle.

mäßiges Gelbett in der Säule gepackt werden kann. Durch Auftra-
gen von Puffer wird die Probe durch die Säule geschickt. Die aus-
tretende Flüssigkeit wird über einen Fraktionssammler fraktio-
niert, wobei man das Volumen der Fraktion so gering wie möglich
hält. Das zur Elution eines bestimmten Proteins benötigte Puf-
fervolumen wird dann bestimmt, indem man jede Fraktion auf das
Protein hin analysiert. Vergleicht man die Menge des Elutions-
volumens eines Proteins mit bekanntem Molekulargewicht mit der
des unbekannten Proteins, so läßt sich dessen Molekulargewicht
mit Abweichungen von 5% bestimmen. Gewisse Proteine zeigen, wenn
ihr Molekulargewicht auf diese Weise bestimmt wird, anomale Werte. Diese Proteine sind im allgemeinen faserartig oder zigarren-
förmig, weshalb das gefundene Molekulargewicht nicht ihre wahre
Größe wiedergibt. In der Theorie der Gelfiltration wird davon
ausgegangen, daß Proteine kugelförmig sind und keiner besonderen
Orientierung bedürfen, um in die Gelpartikel einzudringen. Offensichtlich trifft diese Annahme nicht für langgestreckte Moleküle zu, und deshalb ist das erhaltene Molekulargewicht anomal.

Eine der gängigen hydrodynamischen Methoden ist die <u>Bestimmung</u>

der Sedimentationsgeschwindigkeit in einer Ultrazentrifuge. Eine
Ultrazentrifuge besitzt einen sehr starken Motor, der den Rotor,
in dem sich die Testsubstanz befindet, antreibt. Um die durch
die Luftreibung entstehende Hitze minimal zu halten, läuft der
Rotor in einer evakuierten Kammer. Geschwindigkeiten bis zu
65000 Umdr./min können erreicht werden, was einem Gravitations-
feld in der Probe entspricht, das bis zu 300000 mal stärker ist
als das der Erdbeschleunigung. Vor der Zentrifugation liegt das
Protein homogen verteilt in der Lösung vor, aber bei einer Zentrifugation mit hoher Geschwindigkeit beginnt das Protein zu se-
dimentieren, wie es in Abb. 17 dargestellt ist. Der Teil der Probe, der der Rotationsachse am nächsten liegt, weist nach einiger
Zeit die geringste Konzentration auf.

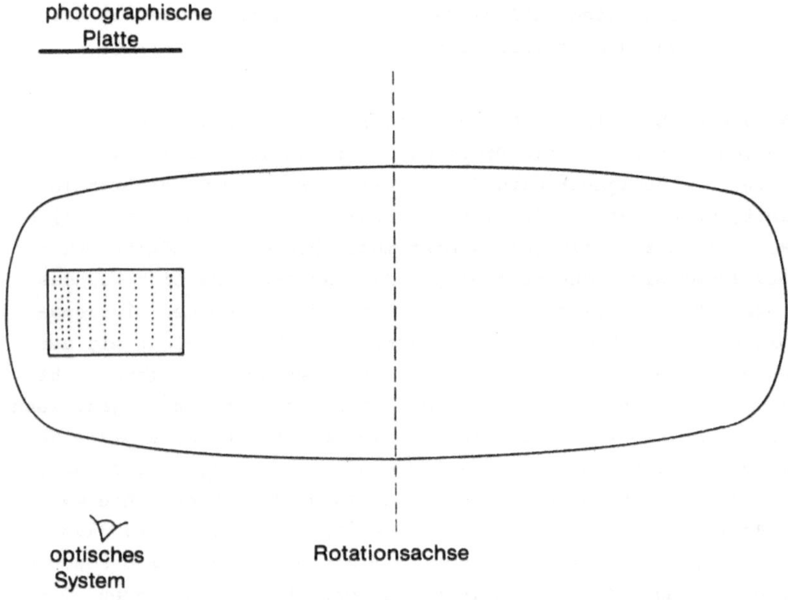

Abb. 17   Die Sedimentation von Proteinmolekülen in einer Ultra-
           zentrifuge.

Ein kompliziertes optisches System, das in die Ultrazentrifuge
eingebaut ist, mißt an mehreren von der Rotationsachse unterschiedlich weit entfernt liegenden Stellen die Geschwindigkeit
der Konzentrationsveränderungen. Diese Ergebnisse werden automatisch auf einer photographischen Platte festgehalten. Daraus
kann die Sedimentationsgeschwindigkeit von Proteinen im Gravi-
tationsfeld errechnet werden. Da die Sedimentationsgeschwindigkeit sowohl von der Größe als auch von der Form der Proteinmoleküle abhängt, ist eine Bestimmung beider Werte möglich.

Durch die Anwendung dieser und ähnlicher Techniken, die entweder
allein oder kombiniert eingesetzt wurden, konnten die Molekular-
gewichte und die ungefähren Formen vieler Proteine bestimmt werden. Einschränkend muß jedoch gesagt werden, daß es sich bei der
Bestimmung der Form nur um eine Annäherung an die Wirklichkeit
handelt, da diese Verfahren keine Information über die räumliche
Anordnung aller Atome liefern können. Diese Einzelheiten lassen
sich nur mit Hilfe der <u>Röntgenstrukturanalyse</u> aufklären. Die Ar-
beitsweise dieser Methode beruht darauf, daß Röntgenstrahlen an
Elektronen gestreut werden, und daß das Ausmaß der Streuung proportional ist zur Elektronendichte in jedem Punkt des Moleküls.
Um die Streuung erfaßbar zu machen und um eine Interferenz mit
den gestreuten Elektronen benachbarter Moleküle auszuschließen,
müssen die Moleküle in einer räumlich geordneten Struktur angeordnet sein. In Kristallen wird dieser hohe Ordnungszustand erreicht. Voraussetzung für eine Strukturaufklärung von Proteinen
nach dieser Methode ist daher die <u>Kristallisation des Proteins</u>.
Die ist oft nicht einfach zu erreichen, und es kann unter Umstän-
den Jahre dauern, um Kristalle befriedigender Größe zu züchten.
Gewöhnlich wird ein Metallderivat des Proteins kristallisiert,
da Metalle ausgezeichnete Zentren für die Streuung der Röntgenstrahlen darstellen. Sie stellen einen Bezugspunkt im Molekül
dar, auf den die restliche Elektronendichte bezogen werden kann.
Die Einzelheiten der Beugungsbilder, die ihre Entstehung der
Streuung der Röntgenstrahlen an den Proteinkristallen verdanken,
werden durch einen Computer ausgewertet, und es wird ein drei-
dimensionales Bild der Elektronendichte des Moleküls aufgebaut.
Die Auflösung der Proteinstruktur beträgt 0.2nm. Das entspricht
ungefähr - wie aus Abb. 4 abzulesen ist - dem Abstand der Atome

in der Peptidbindung. Atome benachbarter Regionen der Proteinkette nähern sich einander bis auf O.3nm. Dies gibt eine Vorstellung der strukturellen Einzelheiten, die bei dieser Auflösung erkennbar sind. Unglücklicherweise ist diese Technik extrem
kostspielig und mühsam; dies zusammen mit der Schwierigkeit, geeignete Kristalle zu erhalten, sind die Gründe, warum diese Technik bis zum gegenwärtigen Zeitpunkt nur auf wenige Proteine angewandt wurde.

4. Faktoren, die die Enzymaktivität beeinflussen

4.1 Bildung des Enzym-Substrat-Komplexes

Obwohl per Definition ein Enzym als Katalysator unverändert aus
einer Reaktion hervorgeht, müssen Enzym und Substrat in einer
spezifisch physikalischen oder chemischen Weise im Verlauf der
Reaktion interagiert haben. Diese Tatsache kann in einfacher
Form durch das folgende Reaktionsschema dargestellt werden:

$$E + S \; \underset{k_{-1}}{\overset{k_{+1}}{\rightleftharpoons}} \; ES \; \underset{k_{-2}}{\overset{k_{+2}}{\rightleftharpoons}} \; E + P$$

wobei E, S und P für Enzym, Substrat bzw. Produkt stehen und ES
den Enzym-Substrat-Komplex darstellt, der als Zwischenprodukt
gebildet wird. Die Geschwindigkeitskonstanten für die Bildung
dieses Komplexes aus freiem Enzym und Substrat und für die umgekehrt verlaufende Dissoziation sind k_{+1} bzw. k_{-1}, während die
Geschwindigkeitskonstanten der Assoziations- und Dissoziations-
reaktionen von Enzym und Produkt als k_{-2} bzw. k_{+2} bezeichnet
werden.

Man kann <u>zwei Haupttypen von Enzym-Substrat-Komplexen</u> unterscheiden. In einigen Fällen ist der Komplex relativ stabil. Zwischen
Enzym und Substrat kommt es zur Ausbildung kovalenter Bindungen.
In anderen Fällen ist der Komplex extrem unstabil. Im ersten
Fall ist es oft möglich, den Komplex zu isolieren und zu reini-
gen. Derartige Komplexe können bei solchen Reaktionen nachgewiesen werden, bei denen die Verknüpfung von Enzym und Substrat zum
Komplex schnell verläuft (d.h. k_{+1} ist sehr groß), während der
spätere Zerfall in freies Enzym und Produkt(e) ein langsamer Vorgang ist (d.h. k_{+2} ist sehr klein). Ein Beispiel für einen relativ stabilen Enzym-Substrat-Komplex ist das Chymotrypsin, wenn
es die Hydrolyse einfacher Ester katalysiert. Bei der Bildung
eines Komplexes mit dem Ester hydrolysiert das Chymotrypsin
gleichzeitig die Esterbindung, und der Alkoholteil des Esters,

der nicht an das Enzym gebunden wird, diffundiert vom Reaktions-
ort fort. Die saure Komponente wird dagegen fest an das Enzym
gebunden, ein kovalentes Acyl-Enzym wird gebildet und kann isoliert werden:

$$R_1CO-OR_2 + E \rightleftharpoons R_1CO-E + R_2OH$$

Dieser schnellen Reaktion folgt ein langsamer Zerfall des Acyl-
chymotrypsins unter Bildung von R_1COOH und Regeneration des
freien Enzyms.

In den meisten Fällen ist der gebildete Komplex sehr labil und
existiert nur kurzzeitig. Der schnellen Bildung des Komplexes
folgt der gleich schnelle Zerfall des Komplexes in freies Enzym
und die Produkte. In derartigen Fällen ist es unmöglich, den Komplex zu isolieren, und seine Bildung kann nur mit extrem schnellen und empfindlichen Techniken verfolgt werden. Ein Beispiel
hierfür ist die Komplexbildung des Enzyms <u>Peroxidase</u>. Dieses Enzym katalysiert die Zersetzung von Wasserstoffperoxid in Wasser
mit der gleichzeitigen Oxidation geeigneter reduzierter Verbindungen.

$$H_2O_2 + E \rightleftharpoons H_2O + \text{oxidiertes Enzym}$$

$$\text{oxidiertes Enzym} + H_2R \rightleftharpoons R + H_2O + E$$

Das oxidierte Enzym unterscheidet sich in seinen spektralen
Eigenschaften vom Originalenzym, und obgleich es nur in kleinen
Mengen entsteht, kann es mit empfindlichen Spektralphotometern
erfaßt werden.

Ehe wir in eine detaillierte Diskussion über die Faktoren eintre-
ten, die die Enzymreaktionen beeinflussen, wollen wir <u>das Kon-
zept des aktiven Zentrums</u> vertiefen. Aus Tabelle 5 konnten wir
entnehmen, daß die Umgebung des Serinrestes im aktiven Zentrum
bei einer Reihe von Enzymen recht ähnlich ist. Für diese Enzyme
ist es möglich, ein allgemeines Schema für die Art und Weise,
in der eine Bindung gelöst wird, anzugeben. Die Spezifität des
Enzyms muß in der Natur der Gruppen des Enzyms liegen, die das

Substrat binden, um den Komplex zu bilden. Diese Vorstellungen
wurden von K o s h l a n d entwickelt (Abb. 18). Er geht davon aus, daß das Protein aus 4 verschiedenen Typen von Aminosäureresten aufgebaut ist:

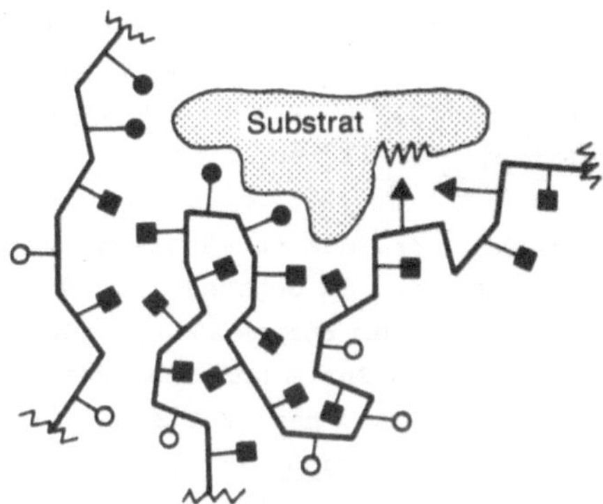

Abb. 18   Schematische Darstellung des aktiven Zentrums eines
           Proteins. Bindungsstellen (dunkle Kreise); katalyti-
           sches Zentrum (Dreiecke), das auf eine Substratbindung
           (Zickzacklinie) wirkt; nicht-essentielle Reste auf der
           Oberfläche (helle Kreise); Reste, die die Tertiärstruk-
           tur zu stabilisieren helfen (Quadrate).
           (Mit Erlaubnis von K o s h l a n d , 1963. Science,
           143, 1534.)

a) Nicht-essentielle Aminosäuren. Diese leisten keinen direk-
    ten oder indirekten Beitrag zum katalytischen Vorgang. Sie
    können unter gewissen Umständen ohne Verlust an katalyti-
    scher Aktivität entfernt werden. Solche Reste sind vorwie-
    gend an der Oberfläche von Enzymen lokalisiert.

b) Aminosäurereste, die beteiligt sind, die Tertiärstruktur des
    Moleküls intakt zu halten. Obgleich diese Gruppen nicht di-
    rekt an der Bindung des Substrats oder an dessen Umsatz be-

teiligt sind, führt ihre Veränderung zu einem Verlust der
katalytischen Aktivität, und zwar hat eine Veränderung eine
räumliche Umorientierung des aktiven Zentrums zur Folge.

c) Bindende Gruppen. Wenn sich das Substrat dem Enzym bis auf
eine geringe Entfernung angenähert hat, binden gewisse Aminosäureseitenketten das Substrat in der richtigen Lage, und
zwar so, daß die Bindung, an der eine Veränderung stattfindet, so orientiert wird, daß sie in unmittelbarer Nähe der
katalytischen Gruppen zu liegen kommt.

d) Katalytische Gruppen, die die tatsächliche Transformation
der Bindung katalysieren. Im Gegensatz zu der alten "Schloß
und Schlüssel Theorie" der Enzymwirkung, gemäß der die räumliche Beziehung zwischen Enzym und Substrat sehr exakt und
von vornherein fixiert ist, hat K o s h l a n d die Theorie der "induzierten Anpassung" entwickelt. Bei Bindung des
Substrats hat das Enzym eine beträchtliche Freiheit, seine
Konformation zu ändern und sich partiell um das Substrat
herumzulegen, so daß die katalytischen Gruppen korrekt aus-
gerichtet werden. Diese Vorstellung ist vielfach modifiziert
und verändert worden. Sie soll speziell den molekularen Ansatz verdeutlichen, der insbesondere in den sechziger Jahren entwickelt wurde, um die enzymatische Aktivität zu erklären.

4.2 Enzymkonzentration

Die Geschwindigkeit einer enzymatisch katalysierten Reaktion ist
der Enzymkonzentration im Versuchsansatz direkt proportional
(Abb. 19). Die Gültigkeit dieser linearen Beziehung ist die Voraussetzung für die exakte Messung von Enzymaktivitäten. Diese
Beziehung gilt aber nur unter gewissen, streng definierten Ver-
suchsbedingungen. So müssen pH und Temperatur des Systems konstant sein, und das Substrat muß im Überschuß eingesetzt werden.
Ist letzteres nicht der Fall, dann verändert sich die Substratkonzentration im Verlauf der Messung und das Ausmaß der Abwei-
chung von der Linearität wird von der jeweiligen Enzymkonzen-

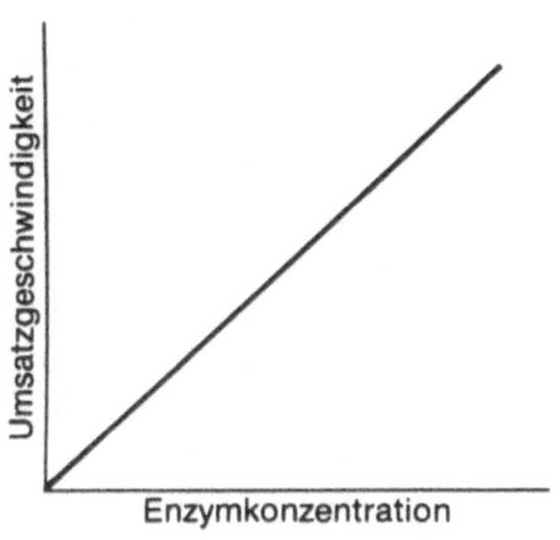

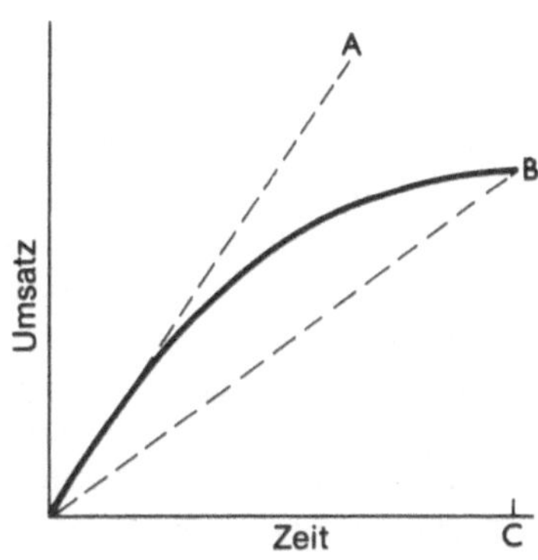

Abb. 19 (links)   Effekt der Enzymkonzentration auf die Geschwin-
                   digkeit einer Enzymreaktion.

Abb. 20 (rechts)   Zeitlicher Verlauf einer Enzymreaktion.
                   Dargestellt ist der Unterschied zwischen An-
                   fangs- und Endgeschwindigkeit.

tration abhängen. Wie wir in einem späteren Kapitel noch sehen
werden, hängt die Geschwindigkeit der Reaktion auch von der Substratkonzentration ab. Wenn man ein Enzym untersucht, muß man
daher sicherstellen, daß nur ein unbedeutender Prozentsatz an
Substrat während der Messung umgesetzt wird. Im allgemeinen werden die Konzentrationen von Enzym und Substrat so eingestellt,
daß weniger als 1% des Substrats während der Messung verbraucht
wird. Die modernen Geräte sind so empfindlich, daß solche relativ geringen Veränderungen genau erfaßt werden können.

4.3 Zeit

In Abb. 20 ist der Zeitverlauf einer enzymatischen Reaktion dargestellt. Das graphische Bild zeigt zwei deutlich gegeneinander
abgesetzte Bereiche. Zu Beginn der Reaktion ist der Substratum-

satz der Umsatzzeit direkt proportional. Nach dieser Anfangspha-
se nimmt die Reaktionsgeschwindigkeit zunehmend ab und der Umsatz ist der Zeit nicht mehr länger direkt proportional. Befindet sich das Substrat im Überschuß, so ist dieses Phänomen mit
einem zunehmenden Enzymaktivitätsverlust zu erklären. Dies könnte darauf beruhen, daß bei der Versuchstemperatur die Tertiärstruktur des Enzyms beeinflußt wird, oder darauf, daß einige
Produkte oder Nebenprodukte der Reaktion das Enzym hemmen. Es
ist daher bei jeder enzymatischen Reaktion erforderlich, in Vor-
versuchen den Zeitraum zu ermitteln, in dem ein linearer Zusammenhang zwischen Reaktionsgeschwindigkeit und Reaktionszeit vor-
liegt. Diese Zeit kann nicht mehr als eine Minute betragen, während andere Enzyme über mehrere Tage einen linearen Umsatz zeigen. Um sinnvolle Ergebnisse zu erzielen, sollten nur Anfangsgeschwindigkeiten gemessen werden. In Abb. 20 ist die Anfangs-
geschwindigkeit gleich der Steigung der Geraden A. Wenn man jedoch das umgesetzte Substrat zum Zeitpunkt C bestimmt hätte, wäre die so gemessene Geschwindigkeit entsprechend der Steigung
der Geraden B beträchtlich niedriger.

4.4 Substratkonzentration

Werden die Anfangsgeschwindigkeiten enzymatisch katalysierter
Reaktionen bei verschiedenen Substratkonzentrationen gemessen,
dann liegen die Werte auf einer Kurve, wie sie in Abb. 21 dargestellt ist. Bei niedrigen Substratkonzentrationen ist die Geschwindigkeit der Substratkonzentration direkt proportional, bei
hohen Substratkonzentrationen ist die Geschwindigkeit konstant.
Diese charakteristische Kurve stellt eine rechteckige Hyperbel
dar, die die folgende allgemeine Gleichung hat:

$$y = \frac{a\,x}{x + b}$$

in der a der maximale Wert ist, den y erreicht und b der Wert
von x ist, bei dem y seine halbmaximale Größe annimmt, d.h. wenn
$y = \frac{1}{2}\,a$ ist. Im speziellen Fall der Abhängigkeit der Geschwindig-

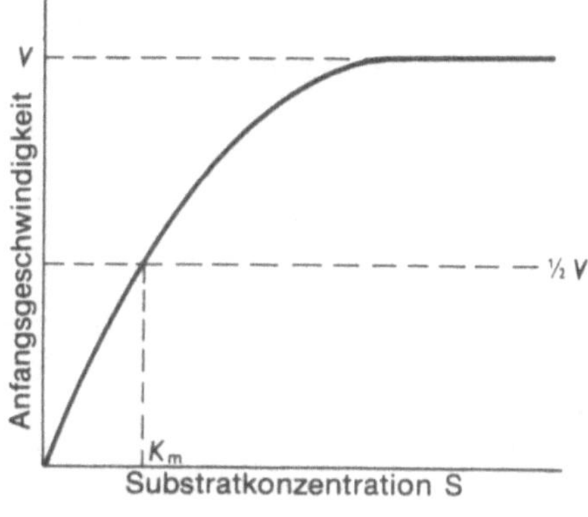

Abb. 21
Abhängigkeit der Reaktionsgeschwindigkeit von der
Substratkonzentration. (Nä-
heres im Text)

keit von der Substratkonzentration werden die Konstanten a und
b durch die Symbole V bzw. K_m ausgedrückt. Sie können der Kurve, Abb. 21, entnommen werden. Wenn v die Geschwindigkeit bei
jeder beliebigen Substratkonzentration S ist, dann gilt folgende Gleichung:

$$v = \frac{V \cdot S}{K_m + S}$$

Dies ist die sogen. M i c h a e l i s - M e n t e n Gleichung,
die in Abb. 21 dargestellt ist.

V ist die maximale Geschwindigkeit der Reaktion bei hohen Substratkonzentrationen, und K_m - die M i c h a e l i s Konstante - ist die Substratkonzentration bei halbmaximaler Geschwindigkeit. V und K_m sind infolgedessen experimentell bestimmbare
Größen, und unter kontrollierten Bedingungen (z.B. konstante und
definierte Werte für pH und Temperatur) sind sie für ein bestimmtes Enzym charakteristisch und konstant.

Obgleich die obige M i c h a e l i s - M e n t e n Gleichung
auf experimentellem Wege gefunden wurde, kann diese Gleichung

auch aus theoretischen Betrachtungen abgeleitet werden. Man muß
dazu annehmen, daß die Rekombination von Produkt und Enzym zum
ES Komplex vernachlässigt werden kann, und daß die Substratkonzentration sehr viel größer ist als die Enzymkonzentration. Unter diesen Bedingungen gilt

$$V = k_{+2} \cdot E$$

wobei E die Enzymkonzentration

und $\qquad\qquad K_m = \dfrac{k_{-1} + k_{+2}}{k_{+1}}\qquad$ ist.

Die maximale Geschwindigkeit V ist der Enzymkonzentration direkt
proportional, und wenn die Enzymaktivität bei hohem Substrat-
überschuß gemessen wird, ist die so bestimmte Geschwindigkeit
ein direktes Maß für die vorhandene Enzymmenge. Die exakte Bedeutung von K_m ist weniger gut definiert. Sie ist stark abhängig von der Gültigkeit der getroffenen Annahmen und davon, daß
das einfache Reaktionsschema, das bei dieser Ableitung verwendet wurde, auch zutrifft.

Im allgemeinen ist die befriedigendste Definition der M i -
c h a e l i s Konstante die experimentelle, d.h. <u>die Substratkonzentration bei halbmaximaler Geschwindigkeit</u>.

4.5 <u>Die Bestimmung von V und K_m und ihre Bedeutung</u>

Obgleich man die Werte von V und K_m direkt aus der graphischen
Darstellung der Geschwindigkeit gegen die Substratkonzentration
ablesen kann, wird in der Regel der reziproke Wert der Geschwindigkeit 1/v gegen den reziproken Wert der Substratkonzentration
1/S aufgetragen.

Hierzu formen wir die M i c h a e l i s - M e n t e n Gleichung
um

$$\frac{1}{v} = \frac{K_m}{V \cdot S} + \frac{1}{V}$$

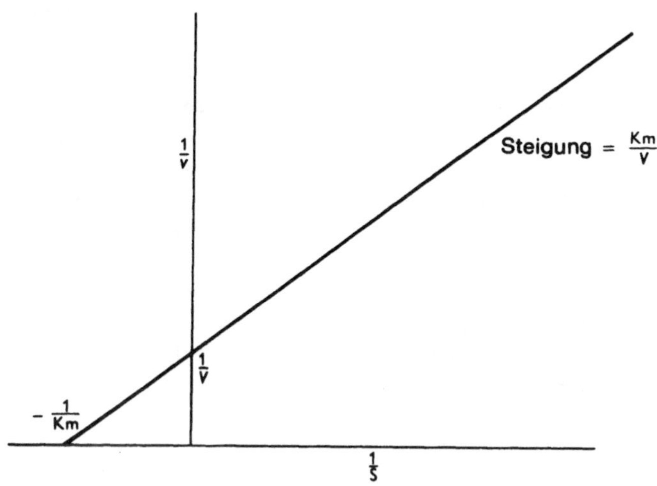

Abb. 22   Bestimmung von K_m und V aus dem L i n e w e a v e r -
           B u r k -Diagramm.

Die Steigung der reziproken Auftragung (Abb. 22) ist K_m/V, der
Achsenabschnitt auf der 1/v-Achse ist 1/V, und der Achsenabschnitt auf der 1/S-Achse ist gleich $-1/K_m$. Auf diesem Wege können K_m und V bequem abgelesen werden. K_m hat die Dimension einer
Substratkonzentration, die in der Regel als Molarität angegeben
wird. V hat die Bezeichnung einer Geschwindigkeit, d.h. Umsatz
von Micromole Substrat pro Zeiteinheit. Diese Art, die Ergebnisse darzustellen, wird als die L i n e w e a v e r - B u r k
Methode der Auftragung bezeichnet.

Da die maximale Geschwindigkeit V gleich $k_{+2} \cdot E$ ist, können die
relativen Werte für den Zerfall des Enzym-Substrat-Komplexes bestimmt werden, wenn man die maximalen Geschwindigkeiten zweier
Reaktionen bei gleichen Enzymkonzentrationen miteinander vergleicht.

Unter der Voraussetzung, daß die gemachten Annahmen zutreffen,

ist K_m gleich $(k_{-1} + k_{+2})/k_{+1}$. Wenn gezeigt werden kann, daß die
Geschwindigkeit des Zerfalls des ES-Komplexes in die Produkte und
freies Enzym sehr langsam ist gegenüber dem Zerfall des ES-Komplexes in Substrat und freies Enzym, d.h. k_{-1} ist sehr viel größer als k_{+2}, dann nähert sich K_m dem Wert k_{-1}/k_{+1}, der Dissozia-
tionskonstanten des ES-Komplexes K_S. Der reziproke Wert von K_S
ist ein Maß für die Affinität des Substrats gegenüber dem Enzym
bzw. die Bindung des Substrats an das Enzym. Wenn das Enzym auf
eine Anzahl verwandter Substrate wirkt und die obigen Kriterien
erfüllt sind, dann gibt ein Vergleich der K_m-Werte der verschiedenen Substrate einen Hinweis auf die relative Affinität des Enzyms für das jeweilige Substrat. Es muß aber betont werden, daß
die Verwendung von K_m als Bindungskonstante nur dann berechtigt
ist, wenn gezeigt werden kann, daß die Geschwindigkeit des ES-
Zerfalls sehr klein ist.

4.6   pH-Wert

Ein Enzym ist nur innerhalb eines verhältnismäßig engen pH-Berei-
ches katalytisch aktiv. In der Regel hat ein Enzym bei einem spezifischen pH-Wert, den man als pH-Optimum bezeichnet, seine höch-
ste Aktivität. Eine typische Abhängigkeit der Aktivität vom pH-
Wert ist in Abb. 23 dargestellt. Bei den meisten Enzymen liegt
dieser optimale pH-Wert in der Nähe des Neutralpunktes (pH 5-9),
aber es gibt auch einige Ausnahmen, wie beispielsweise Pepsin,
das bei extrem niedrigen pH-Werten wirkt.

Es gibt zwei Erklärungen für dieses Phänomen. Die erste geht davon aus, daß das Enzym bei pH-Werten, die relativ weit vom Opti-
mum entfernt sind, unstabil ist, und daß bei diesen pH-Werten das
Enzym seine Tertiärstruktur zu verlieren beginnt, die notwendig
für die Konformation des aktiven Zentrums ist. Ein derartiger
Vorgang wäre, wenn überhaupt, nur langsam reversibel. Diese Möglichkeit kann untersucht werden, indem man eine bekannte Menge
eines Enzyms für eine bestimmte Zeit bei einem pH-Wert inkubiert,
der vom pH-Optimum abweicht. Anschließend wird im Ansatz schnell
das pH-Optimum eingestellt und die Aktivität wiederum gemessen.
Wenn die volle Aktivität wiederhergestellt wird, ist es unwahr-

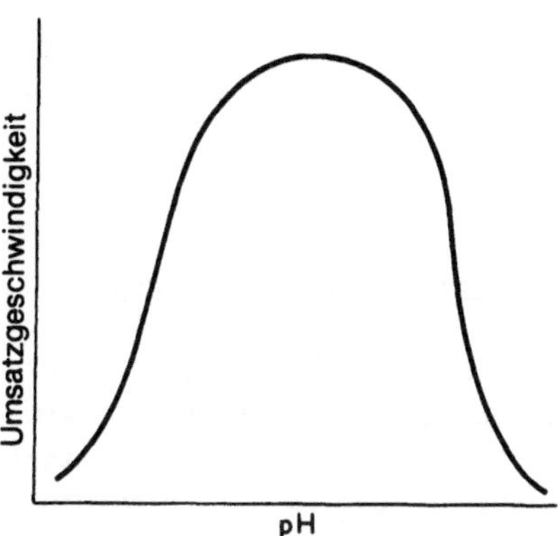

Abb. 23
Abhängigkeit der Enzym-
wirkung vom pH-Wert

scheinlich, daß eine Veränderung der Tertiärstruktur für die ver-
minderte Aktivität bei einem anderen pH verantwortlich ist. Die
wahrscheinlichere Erklärung bei der Mehrheit der Fälle ist die,
daß wir bei diesem Phänomen den Einfluß des pH auf die Dissoziation der sauren und basischen Gruppen im aktiven Zentrum des Enzyms beobachten.

Wir betrachten ein Enzym mit der sauren Gruppe AH und der basischen Gruppe B. Dieses Enzym kann durch HA-R-B dargestellt werden. Bei niedrigem pH-Wert liegt es in der Form HA-R-BH$^+$ vor.
Wenn der pH-Wert erhöht wird, dissoziiert die A-Gruppe und das
Enzym befindet sich jetzt in der Form $^-$A-R-BH$^+$. Eine weitere pH-
Erhöhung führt zur Bildung von $^-$A-R-B. Wir wollen annehmen, daß
nur die Form, in der sowohl A als auch B geladen sind, katalytisch aktiv ist. Das Enzym wird Aktivität zu zeigen beginnen,
wenn eine merkliche Dissoziation von AH stattgefunden hat, und
die Aktivität wird zunehmend größer, wenn das Ausmaß der Dissoziation zunimmt. Schließlich wird AH praktisch vollständig dissoziiert sein, das Enzym wird seine maximale Aktivität entfal-
ten. Wenn die Dissoziation von AH dem des pK-Wertes entspricht
und später das pH-Maximum erreicht wird, wird die BH$^+$-Gruppe
merklich zu dissoziieren beginnen und die Aktivität wird langsam sinken, bis BH$^+$ nahezu vollständig dissoziiert ist. Dieses
Verfahren ist neben der früher beschriebenen chemischen Methode
eine zusätzliche Möglichkeit zur Charakterisierung des aktiven

Zentrums von Enzymen. Wird der Wert von V bei jedem pH-Wert bestimmt, kann man die pK-Werte der katalytischen Gruppen, im Unterschied zu denen der Bindungsstellen im aktiven Zentrum ermitteln.

4.7 Temperatur und Denaturierung

Wir betrachten die Reaktion von C und D nach E und F. Die mit
der Reaktion verbundenen Energieänderungen sind in Abb. 24 dargestellt. Das Endergebnis kann in einer Abgabe von Wärme (exo-
therme Reaktion) oder in einer Aufnahme von Wärme (endotherme
Reaktion) bestehen. In beiden Fällen müssen die Reaktanten, ehe
die Reaktion stattfindet, eine Energiebarriere überwinden, die
man als Aktivierungsenergie bezeichnet. Je größer die Aktivierungsenergie ist, desto größer sind die Widerstände bei dem Ablauf der Reaktion, umso mehr Wärme muß dem System zugeführt werden. Ein Enzym erniedrigt die gesamte Aktivierungsenergie der
Reaktion. Dabei bindet es C und D, und zwar so orientiert, daß
die Reaktion ablaufen kann. Während die unkatalysierte Reaktion
auf zufällig bedingten Zusammenstößen zwischen C und D Molekülen
beruht, erhöhen sich die Chancen beträchtlich durch die Bindung
in der katalysierten Reaktion. Das Energiediagramm der kataly-

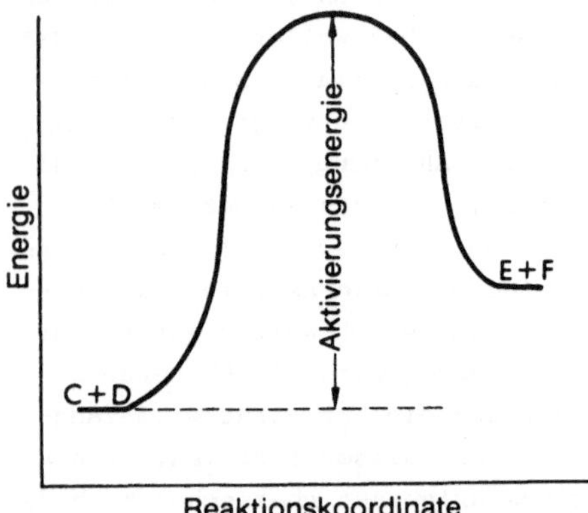

Abb. 24
Energiediagramm während
des Ablaufs der Reaktion
C + D = E + F

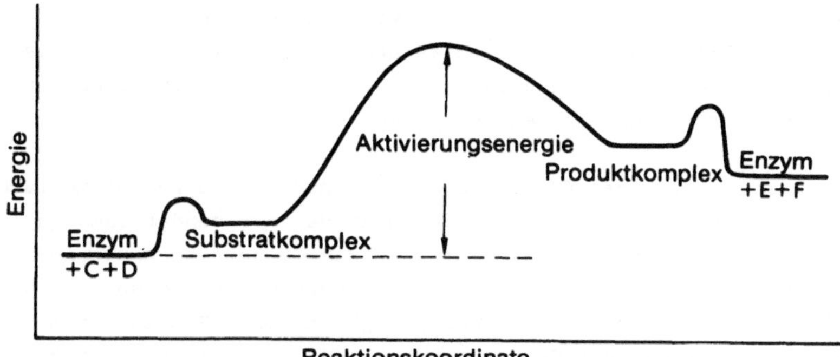

Abb. 25   Energiediagramm - wie in Abb. 24 - in einer katalysierten Reaktion.

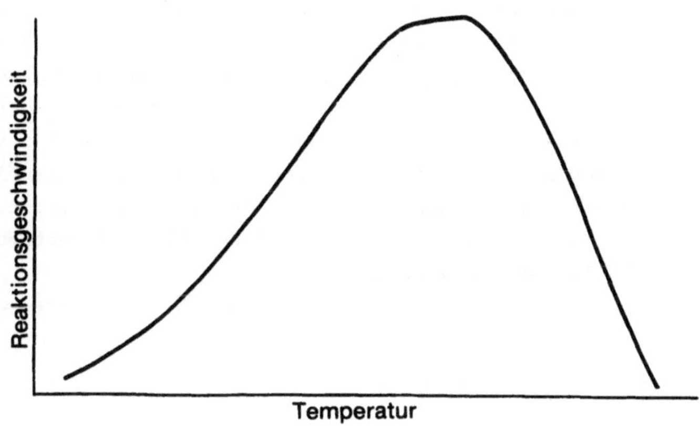

Abb. 26   Einfluß der Temperatur auf die Geschwindigkeit einer
enzymatisch katalysierten Reaktion.

sierten Reaktion ist in Abb. 25 dargestellt, aus der entnommen
werden kann, daß eine geringe Aktivierungsenergie für die Bildung des Enzym-Substrat-Komplexes und für die Dissoziation des
Enzym-Produkt-Komplexes notwendig ist. Die Aktivierungsenergie
des Gesamtvorganges ist stark erniedrigt.

Wir wollen jetzt den Einfluß der Temperatur auf eine enzymatisch
katalysierte Reaktion betrachten. Wenn bei steigender Temperatur die innere Energie des Systems zunimmt, dann bekommen immer
mehr Moleküle die notwendige Aktivierungsenergie, so daß die Reaktion ablaufen kann. Die Geschwindigkeit einer Reaktion nimmt
infolgedessen mit der Temperatur zu. Wenn keine anderen Faktoren
zu berücksichtigen wären, würde die Geschwindigkeit mit der Temperatur ad infinitum zunehmen. Das ist jedoch nicht der Fall.
Bei fortlaufender Temperaturerhöhung wird ein Punkt erreicht, an
dem die zugeführte Energie ausreicht, Wasserstoffbindungen und
andere Bindungen, die an der Tertiärstruktur beteiligt sind, zu
sprengen. Das Enzym verliert seine Aktivität und wird schließlich vollständig inaktiv, ein Prozeß, der als _Denaturierung_ bekannt ist. Dieses Verhalten ist in Abb. 26 gezeigt. Im niedrigen
Temperaturbereich steigt die Aktivität kontinuierlich. Im Bereich
von 40°C ändert sich die Tertiärstruktur der meisten Enzyme.
Schließlich wird ein Punkt erreicht, an dem der Zuwachs der Reaktionsgeschwindigkeit mit der Temperatur infolge der Aktivie-
rung des Moleküls kompensiert wird durch Abnahme der Reaktionsgeschwindigkeit infolge der Zerstörung der Tertiärstruktur. Bei
diesem Punkt hat die Aktivität ein Maximum. Diese Temperatur
wird _Optimum-Temperatur_ genannt.

4.8 Irreversible und reversible Inhibitoren

Die Verwendung von gruppenspezifischen Reagenzien, wie PCMB, DFP
und FDNB ist ein Beispiel für eine _irreversible Inhibition_. Ist
ein derartiges Reagenz eine kovalente Bindung mit dem Enzym ein-
gegangen, ist es relativ schwierig, diese Gruppe wieder zu entfernen und die ursprüngliche Aktivität wiederherzustellen.

Reversible Inhibitoren werden demgegenüber in den seltensten Fäl-

len kovalent gebunden und können leicht wieder entfernt werden
unter Wiederherstellung der vollen enzymatischen Aktivität. Dazu dienen solche Techniken, wie Dialyse, Verdünnung oder Zusatz
von Substrat im Überschuß.

Reversible Inhibitoren kann man im wesentlichen in zwei große
Gruppen einteilen: <u>kompetitive und nichtkompetitive</u> sowie <u>allo-
sterische</u>. Wir wollen die allosterischen Inhibitoren erst im
nächsten Kapitel diskutieren und uns zunächst auf die kompetitiven und nichtkompetitiven beschränken.

<u>Kompetitive Inhibitoren</u> konkurrieren, wie der Name schon sagt,
mit dem Substrat um die Bindungszentren auf dem Enzymmolekül,
und man kann daher erwarten, daß derartige Inhibitoren strukturelle Ähnlichkeiten mit dem Substrat haben. <u>Nichtkompetitive In-
hibitoren</u> greifen dagegen die katalytischen Zentren des Enzyms
an, und obgleich das Enzym noch fähig ist, Substrat zu binden,
kann die Katalyse (d.h. die Veränderung einer Bindung) nicht
stattfinden. Hieraus wird deutlich, daß die Natur des Inhibitors
etwas aussagen kann über die Bindungsstellen und die katalytischen Bereiche im aktiven Zentrum.

Der einfachste Weg, in der Praxis zwischen kompetitiven und
nichtkompetitiven Inhibitoren zu unterscheiden, besteht in dem
Studium der Abhängigkeit der Reaktionsgeschwindigkeit von der
Substratkonzentration bei verschiedenen Inhibitorkonzentratio-
nen. Abb. 27 zeigt typische Ergebnisse mit einem kompetitiven
Inhibitor. Wenn man 1/v gegen 1/S bei verschiedenen Inhibitorkon-
zentrationen aufträgt, erhält man eine Schar von Geraden, die
die 1/v-Achse schneiden. Der Schnittpunkt entspricht der maximalen Geschwindigkeit. Die Geraden schneiden die 1/S-Achse in verschiedenen Punkten. Der jeweilige Wert der M i c h a e l i s -
Konstanten ändert sich bei verschiedenen Inhibitorkonzentratio-
nen. Diese Ergebnisse sind gemäß der Theorie über die Wirkung
kompetitiver Inhibitoren zu erwarten, da diese die Bindung des
Substrats und damit K_m beeinflussen. Ist das Substrat aber erst
einmal gebunden, wird die darauffolgende Katalyse und infolgedessen V nicht beeinflußt.

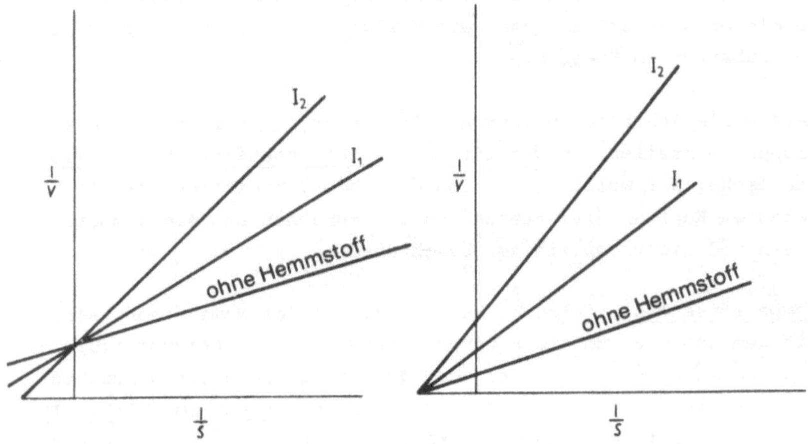

Abb. 27   Reziproke Auftragung für eine kompetitive Hemmung. Geraden schneiden sich in einem Punkt der 1/v-Achse.

Abb. 28   Reziproke Auftragung für eine nichtkompetitive Hemmung. Geraden schneiden sich in einem Punkt der 1/S-Achse.

Abb. 28 zeigt zum Vergleich die Ergebnisse mit einem nichtkompetitiven Inhibitor. Die Geraden schneiden die 1/S-Achse im selben Punkt, d.h., der K_m-Wert ist in allen Fällen gleich groß. Auch dieses Ergebnis entspricht unserer Erwartung, da der Inhibitor nicht die Bindung des Substrats beeinträchtigt. Der Inhibitor wirkt, indem er die katalytischen Gruppen blockiert. Daher ist der Wert für V, der aus dem Schnittpunkt der Geraden mit der 1/v-Achse ermittelt wird, in jedem Fall anders.

Ein typisches Beispiel für eine kompetitive Hemmung ist die Wirkung von Malonat auf das Enzym Succinat-Dehydrogenase. Das Enzym katalysiert den Umsatz von Succinat in Fumarat.

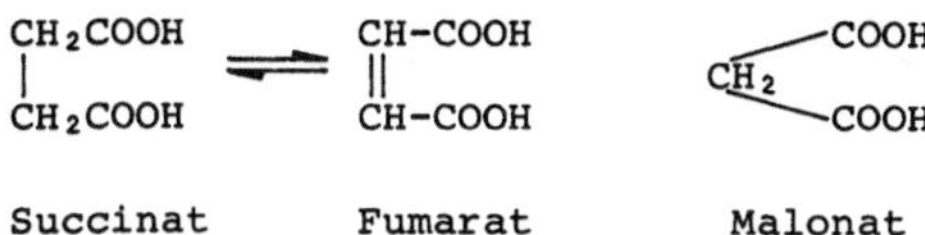

Succinat   Fumarat   Malonat

Die Struktur von Malonat ist der von Succinat sehr ähnlich, und infolgedessen bindet es das Enzym leicht. Da jedoch die zwei Wasserstoffe, die von Succinat entfernt werden, in Malonat nicht vorhanden sind, kann das Enzym die Dehydrierung dieses Inhibitors nicht katalysieren. Acetat ist weder ein Inhibitor noch ein Substrat dieser Reaktion. Bei physiologischem pH sind beide Carboxylgruppen des Succinats dissoziiert und dies legt nahe, daß zwei positiv geladene Gruppen des Enzyms für die Bindung des Substrats verantwortlich sind. Kompetitive Inhibitoren sind besonders nützlich, da sie in der Regel für ein bestimmtes Enzym spezifisch sind. Sie können angewendet werden, um bestimmte Stoffwechselschritte spezifisch zu blockieren. Infolgedessen findet man, daß die Wirkung vieler Drogen auf einer kompetitiven Hemmung von Schlüsselenzymen des Metabolismus beruht.

Die Hemmung von Arylsulfatase durch Cyanid ist ein Beispiel für eine nichtkompetitive Hemmung. Dieser Hemmstoff hat keinerlei strukturelle Ähnlichkeit mit dem Substrat und ist relativ unspezifisch. Cyanid hemmt viele Enzyme. Man kann zeigen, daß es wirkt, indem es sich mit Metallionen verbindet, die in vielen Fällen als prosthetische Gruppen wirken.

5. Die molekulare Struktur von Enzymen

Nachdem Struktur und Eigenschaften der Enzyme im Detail betrach-
tet worden sind, sollen jetzt die derzeit diskutierten Theorien
über ihren Wirkungsmechanismus dargestellt werden. Wir wollen uns
dabei auf einige charakteristische Enzyme beschränken. Anschließend soll die Bedeutung der Enzyme für die Integration und Kontrolle des Metabolismus besprochen werden.

5.1 Mechanismus der Enzymwirkung

Jede enzymatisch katalysierte Reaktion hat offensichtlich ihren
eigenen Mechanismus. Trotzdem lassen sich ausgehend von unseren
derzeitigen Kenntnissen über einige Enzymmechanismen einige prin-
zipielle, allgemeine Vorstellungen formulieren. Inwieweit diese
aber allgemeine Gültigkeit besitzen, darüber kann man vorläufig
nur Vermutungen anstellen.

5.1.1 Ribonuclease

Bei der einleitenden Erörterung des Wirkungsmechanismus dieses
Enzyms in Kap. 1.3 wurde postuliert, daß die katalytische Aktivität auf einer präzisen räumlichen Orientierung der aktiven
Gruppen in unmittelbarer Nähe der zu spaltenden Bindung der RNS
beruht. Im aktiven Zentrum der Ribonuclease befinden sich u.a.
je zwei Histidin- und Lysinseitenketten. Die Lysinseitenketten
zeigen bei pH-Werten in der Nähe des Neutralpunktes (dem pH-Optimum des Enzyms) eine positive Ladung. Sie sind daher geeignet,
die RNS, die dissoziiert viele negativ geladene Phosphatgruppen
besitzt, in der korrekten Orientierung an das Enzym zu binden.
Die Histidinseitenketten sind die katalytischen Gruppen. Die
Imidazol-Gruppe des Histidins dissoziiert im pH-Bereich von 5.5
bis 7. Der tatsächliche pK-Wert wird von der jeweiligen Mikroumgebung beeinflußt. In Abb. 3 stellen die mit A und B bezeichneten Gruppen Histidinreste dar. Zu Beginn der Reaktion ist A

zum größten Teil dissoziiert, B liegt undissoziiert vor. Bei der
Bildung des zyklischen Phosphats verliert die Gruppe B ihr Proton, während A ein Proton aus der RNS an sich zieht. Im Verlauf
der Hydrolyse des zyklischen Phosphats kehren sich die Verhältnisse um. Die Fähigkeit der Histidinreste, in dieser Weise zu
reagieren, hängt mit der Tatsache zusammen, daß ihr pK-Wert in
der Nähe des Neutralpunktes liegt, und daß Histidin daher in diesem pH-Bereich sowohl als Säure als auch als Base wirkt. Der Dis-
soziationszustand der Imidazolgruppe dieses Systems hängt dabei
entscheidend von der lokalen H^+-Ionenkonzentration und von der
Natur der geladenen Gruppen, die den Rest umgeben, ab.

In der Literatur werden immer mehr Enzyme beschrieben, die zwei
Histidinreste in ihrem aktiven Zentrum haben, und bei denen der
geschilderte konzertierte Säure-Base-Mechanismus funktionieren
soll. Dieser Befund ist nicht so überraschend, da viele organische Reaktionen einzeln sowohl durch Säure als auch durch Base
katalysiert werden. Man kann daher erwarten, daß die kombinier-
te und konzertierte Wirkung von Säure und Base zu einer äußerst
effektiven Katalyse führt. Die konzertierte Wirkung des Proteins kann nur dadurch erzielt werden, daß die Säure und Base in
einer bestimmten Lage zueinander und zur Bindung, die sie angreifen, angeordnet sind. Es hat mehrere erfolgreiche Versuche
gegeben, niedermolekulare Verbindungen zu synthetisieren, bei
denen diese Kriterien erfüllt sind. Diese synthetischen Enzym-
analoga zeigen katalytische Aktivität. Obgleich sie in den meisten Fällen den natürlichen Enzymen in ihrer Aktivität unterle-
gen sind, ist die Tatsache, daß sie überhaupt Aktivität zeigen,
ein weiterer Hinweis darauf, daß der postulierte Mechanismus zutrifft.

5.1.2 <u>Serin-Proteinasen</u>

Das aktive Zentrum der zu dieser Gruppe gehörenden Enzyme wurde
schon diskutiert. Dabei zeigte sich, daß mit großer Wahrschein-
lichkeit die Mechanismen der Katalyse in jedem Fall einander ähnlich sind. Die Spezifität der einzelnen Enzyme beruht daher auf
den jeweiligen <u>Bindungszentren</u> für die Substrate. Es wurde wei-

terhin gefunden, daß bei allen Enzymen dieser Gruppe zusätzlich
zu dem schon erwähnten Serinrest ein Histidinrest im aktiven Zentrum auftritt. Der Mechanismus der Hydrolyse einfacher Ester durch
Chymotrypsin ist der Katalyse der RNS-Hydrolyse durch Ribonuclease sehr ähnlich. Auch hierbei handelt es sich um einen <u>konzer-
tierten Säure-Base Angriff</u>. Während aber im Fall der Ribonuclease nach dem Bruch der O-P Esterbindung die freigesetzte Säure-
funktion intramolekular zum zyklischen Phosphat verestert wird,
kann bei der durch Chymotrypsin katalysierten Esterhydrolyse ein
derartiger intramolekularer Ester nicht gebildet werden. Stattdessen wird in diesem Fall die Säuregruppe, die bei Hydrolyse
der Esterbindung freigesetzt wird, mit dem Serin des Enzyms verestert. In einer zweiten Phase dieses Mechanismus wird dieser
Ester hydrolysiert und das freie Enzym regeneriert. Dies entspricht der Hydrolyse des zyklischen Phosphats. Der Hauptunter-
schied im Mechanismus von Ribonuclease und Chymotrypsin besteht
also darin, daß bei ersterem ein intramolekularer Ester entsteht,
während bei letzterem der Ester mit dem Enzym gebildet wird.

Man vermutet jetzt, daß die Spezifität der verschiedenen Serin-
Proteinasen nicht auf der Natur der aktiven Bindungsgruppen selbst
beruht, sondern auf den Gruppen, die das Bindungszentrum umgeben.
Beispielsweise geht man davon aus, daß sich in der Nähe des Chy-
motrypsin-Bindungszentrums eine aus nichtpolaren Kohlenwasser-
stoffresten gebildete Mulde befindet, in die aromatische Reste
genau hineinpassen. Es sei daran erinnert, daß Chymotrypsin nur
solche Peptidbindungen angreift, an denen aromatische Aminosäuren beteiligt sind. Die Spezifität des Trypsins ist eine ganz
andere, und zwar spaltet es Peptidbindungen, an denen basische
Aminosäuren beteiligt sind. Die Mulde im Bindungszentrum des Chymotrypsins kann aufgrund ihres nichtpolaren Charakters geladene
basische Gruppen nicht unterbringen. Hieraus folgt, daß die Gruppen in der Umgebung des Bindungszentrums von Trypsin sehr ver-
schieden von denen des Chymotrypsins sind und komplementär zu
Lysin- und Argininresten sein müssen.

5.1.3 <u>Glycerinaldehyd-3-phosphat-Dehydrogenase</u>

Der systematische Name dieses Enzyms, Glycerinaldehyd-3-phos-
phat: NAD oxidoreductase, enthält in diesem Fall nicht die vollständige Information, denn obgleich die Reaktion in der Oxidation eines Aldehyds zu einer Säure besteht, wird nicht die freie
Säure, sondern der Phosphatester gebildet. Die Gesamtreaktion
besteht in dem Umsatz von Glycerinaldehyd-3-phosphat zu 1.3-Di-
phosphoglycerinsäure gemäß der folgenden Gleichung:

$$\text{Glycerinaldehyd-3-phosphat} + NAD^+ + \text{Phosphat}^- \rightleftharpoons \text{1.3-Diphospho-}$$
$$\text{glycerinsäure} + NADH$$

Einen noch hypothetischen Mechanismus dieser Reaktion zeigt Abb.
29. Die dissoziierte Sulfhydrylgruppe ist negativ geladen und
daher nucleophil. Der Nicotinamidring ist dagegen elektrophil.
Auf der <u>elektrostatischen Wechselwirkung</u> der nucleophilen Sulfhydrylgruppe mit dem elektrophilen Ringsystem beruht die verhältnismäßig starke Bindung des Coenzyms an das Enzym. Dies erklärt,
weshalb das Coenzym nicht durch wiederholte Dialyse oder durch
Rekristallisation von dem Enzym entfernt werden kann, sondern
drastischere Methoden, wie die Absorption an aktivierte Holzkoh-
le hierfür erforderlich sind. Das Glycerinaldehyd-3-phosphat ist
mit der negativ geladenen Phosphatgruppe an einen positiv geladenen Aminosäurerest gebunden, der sich im aktiven Zentrum des
Enzyms in der Nähe des Cysteins befindet. Der erste Schritt bei
der Katalyse besteht in der <u>Abspaltung des Substratwasserstoffs</u>,
der auf NAD übertragen wird. Das reduzierte NAD, NADH, ist nicht
elektrophil, wodurch die negativ geladene Sulfhydrylgruppe frei
wird, die sich jetzt unter Bildung von Acyl-Enzym an die neuge-
bildete Acylgruppe bindet. Der zweite Reaktionsschritt besteht
in der <u>Hydrolyse des Acyl-Enzyms</u> durch Phosphorsäure. Dabei entsteht 1.3-Diphosphoglycerinsäure. Das freie Enzym wird regeneriert. Das NADH wird dann durch NAD aus dem Coenzympool ersetzt
und der Vorgang kann wieder von vorn beginnen. Auch in diesem
Beispiel wird, wie im Fall von Chymotrypsin, eine Acyl-Enzym-
Zwischenverbindung gebildet, jedoch ist anstelle eines Serinrestes ein Cysteinrest an der Reaktion beteiligt.

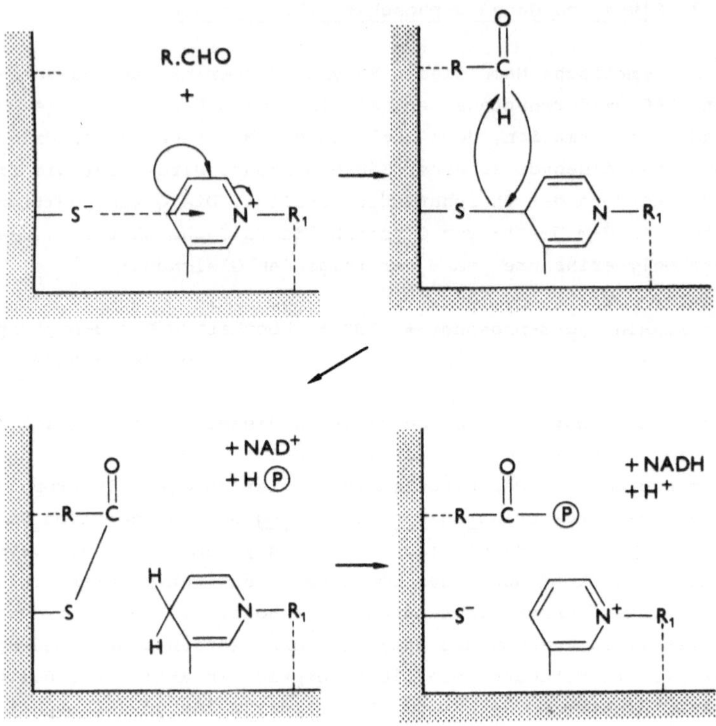

Abb. 29 Postulierter Reaktionsmechanismus der Glycerinaldehyd-
3-phosphat-Dehydrogenase. Eine genauere Erklärung wird
im Text gegeben. Zur besseren Übersicht wurde nur die
Aldehydgruppe des Substrats und der Nicotinamidring
des Coenzyms, sowie die Phosphorsäure (letztere als
H $\circledP$) dargestellt.

5.2 Quartärstruktur, Proteinuntereinheiten und allosterische Effekte

Bisher sind wir bei der Betrachtung der Enzymstruktur immer davon ausgegangen, daß Enzyme aus einer einzigen Proteinkette bestehen. Dieses Bild ist jedoch zu simpel; für viele Enzyme trifft

es nicht zu. So beträgt das Molekulargewicht von Glycerinalde-
hyd-3-phosphat-Dehydrogenase annähernd 140.000 mit 14 bis 18
Cysteinresten im Molekül. In Gegenwart von ATP dissoziiert das
Molekül jedoch in 4 annähernd identische Untereinheiten vom Molekulargewicht 36.000 mit je 4 Cysteinresten.

Immer wenn Enzyme nach diesem Typ aufgebaut sind, findet man gewöhnlich, daß das Substrat und zahlreiche andere, kleinere Moleküle die Enzymaktivität zu regulieren vermögen, und daß das Enzym seine katalytische Aktivität verliert, wenn es in Untereinheiten dissoziiert. Wir betrachten den Fall, daß ein Substrat
mit einem dimeren Enzym reagiert. Es gibt zwei Möglichkeiten:
die zwei Untereinheiten wirken mit zwei distinkten aktiven Zentren unabhängig voneinander oder die zwei Untereinheiten beeinflussen sich, d.h., die Bindung des Substrats an ein Zentrum beeinflußt die Bindung des Substrats an das andere Zentrum. Im
allgemeinen findet man, daß die Bindung des Substrats an eine
Untereinheit die Affinität der anderen Untereinheit für das Substrat erhöht und so die Bindung des zweiten Substratmoleküls erleichtert. In Abb. 30 ist dieses Phänomen schematisch dargestellt.
Das erste Substratmolekül paßt in die keilförmige Einkerbung der
Untereinheit A und induziert bei der Bindung eine Konformationsänderung dieser Untereinheit, derart, daß die Kerbe sich verengt
und um das Substrat herumlegt. Die andere Untereinheit, die eng
an die Untereinheit A gebunden ist, wird durch diese "induzierte
Anpassung" ebenfalls beeinflußt, und zwar öffnet sich die Kerbe,
wodurch der Zugang des zweiten Substratmoleküls zur Untereinheit
B und dessen Bindung erleichtert wird. Diese Darstellung ist eine
grobe Simplifikation des Mechanismus. Es geht hier jedoch nur
darum, das Phänomen, das man als Kooperativität der Substratbin-
dungen bezeichnet, zu verdeutlichen.

Die Gesamtheit der Effekte, die man beobachtet, wenn kleine Moleküle an einer Stelle eines Enzyms gebunden werden, die vom aktiven Zentrum entfernt ist und dabei die katalytische Aktivität
des aktiven Zentrums nachhaltig beeinflussen, nennt man allosterische Effekte. Eine solche Bindung führt keineswegs immer zu
einer erhöhten Aktivität. In einigen Fällen vermindert die Bindung eines Moleküls an eine vom aktiven Zentrum entfernte unter-

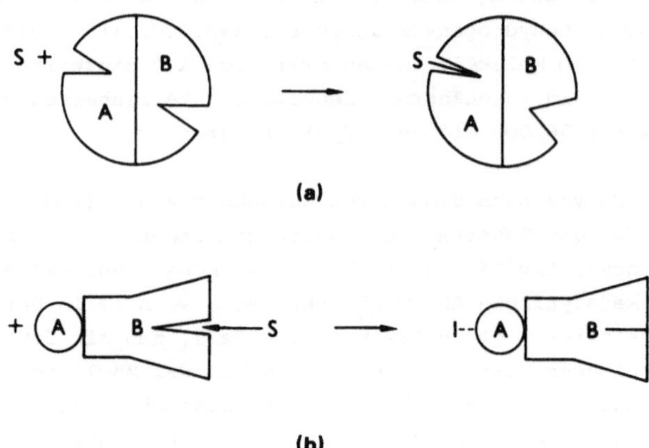

Abb. 30   Allosterische Effekte.
a) Kooperativität der Substratbindung
b) allosterische Inhibition

Die Darstellung ist stark schematisiert.

schiedliche Bindungsstelle, man nennt sie allosterische Bindungsstelle, die katalytische Aktivität. Die entsprechenden Moleküle heißen allosterische Inhibitoren. Im entgegengesetzten Fall spricht man von allosterischen Aktivatoren. Eine schematische Darstellung der allosterischen Inhibition zeigt Abb. 30b. Die Bindung des Inhibitormoleküls an das allosterische Zentrum verursacht eine Konformationsänderung in der Untereinheit A, welche über die Bindung der zwei Untereinheiten auf die Untereinheit B übertragen wird. Dies hat zur Folge, daß diese die Fähigkeit, Substrat zu binden und die Reaktion zu katalysieren, verliert.

Die zwei Untereinheiten der Abb. 30b sind unterschiedlich gezeichnet worden. Man findet häufig, daß das funktionelle Enzymmolekül, d.h. das in der Zelle aktive Enzym, aus zwei Typen von Untereinheiten zusammengesetzt ist. Die eine Untereinheit, die man als katalytische Untereinheit bezeichnet, ist für die Aktivität des Enzyms verantwortlich, während die andere Unterein-

heit, <u>die regulatorische Untereinheit</u>, das allosterische Zentrum
enthält und so die <u>Modulation</u> der Enzymaktivität ermöglicht. In
gewissen Fällen kann man die dissoziierten Untereinheiten wieder
zu einem Enzymmolekül zusammenbauen, das nur aus katalytischen
Untereinheiten besteht, und daher keine allosterische Kontrolle
zeigt.

Ebenso wie das Bindungszentrum spezifisch für das Substrat ist,
zeigen die allosterischen Zentren Spezifität bezüglich der Bindung des Effektormoleküls. Diese Spezifität gestattet die <u>Regu-
lation der Enzymaktivität</u> durch spezifische Moleküle, die keinerlei Ähnlichkeit mit dem Substrat haben. Diese Regulation ist
extrem wichtig für die Kontrolle und Integration des Stoffwechsels. Ein charakteristisches Beispiel für ein derartiges Kon-
trollsystem ist das Enzym Phosphofructo-Kinase. Dieses Enzym katalysiert die Phosphorylierung eines Zuckerphosphates, nämlich
Fructose-6-phosphat, entsprechend der Gleichung:

$$\text{Fructose-6-phosphat} + \text{ATP} \longrightarrow \text{Fructose-1.6-diphosphat} + \text{ADP}$$

Die von diesem Enzym katalysierte Reaktion ist praktisch irre-
versibel. Dagegen wird die Hydrolyse des Diphosphats zu dem Mo-
nophosphat von einem separaten Enzym, der Fructose-1.6-Diphos-
phatase katalysiert. Die Reaktion von Fructose-6-phosphat zu
Fructose-1.6-diphosphat ist ein wichtiger Zwischenschritt bei
dem Umsatz von Kohlenhydraten zu Brenztraubensäure, d.h. bei der
Glykolyse. Brenztraubensäure wird anschließend zu CO_2 oxidiert,
wobei eine große Energiemenge in Form von ATP entsteht. Obgleich
ATP ein Substrat der Phosphofructo-Kinase ist, wird diese durch
relativ hohe ATP-Konzentrationen gehemmt; sie zerfällt. Man vermutet, daß das Enzym ein regulatorisches Zentrum hat, das ATP
bindet. Überschreitet die Konzentration des ATP einen kritischen
Schwellenwert, so erfolgt die Disaggregation in Untereinheiten.
Dies verhindert die Katalyse und stoppt so sehr effektiv die
weitere Oxidation von Kohlenhydraten. Die Anhäufung extrem hoher ATP-Mengen über den kritischen Schwellenwert hinaus wird
vermieden und die Zelle behält ihre potentielle Energie in Form
von Kohlenhydraten. Es gibt noch viele andere Beispiele dieses
Typs, bei dem die allosterische Natur des Enzyms eine subtile

Kontrolle des Stoffwechsels ermöglicht, so daß die Zelle ihre
Vorräte zu jedem Zeitpunkt der besten Verwendung zuleiten kann.

Wir wollen zusammenfassen: <u>Enzyme, deren Aktivität der allosterischen Kontrolle unterworfen ist, können in inaktive Untereinheiten zerfallen. Sie haben zusätzlich zum aktiven Zentrum ein
allosterisches Zentrum und zeigen oft Kooperativität bei der
Bindung von Substratmolekülen.</u>

5.3 <u>Lactose-Synthetase</u>

Bei einigen Enzymen verändert sich dadurch, daß an sie noch ein
anderes Protein angelagert wird, die Spezifität des Bindungszentrums und so die katalysierte Reaktion. Ein typisches, vor kur-
zem untersuchtes Beispiel ist die Lactose-Synthetase. Die Membran des G o l g i -Komplexes enthält das Enzym Acetyllactosamin-Synthetase, das die Synthese von Acetyllactosamin, einem
substituierten Disaccharid, katalysiert. Acetyllactosamin entsteht aus UDP-Galactose, einem Nucleotidderivat der Galactose,
und aus Acetylglucosamin, dem acetylierten Aminderivat der Glucose:

UDP-Galactose + Acetylglucosamin $\rightleftharpoons$ Acetyllactosamin + UDP

Acetyllactosamin-Synthetase vermag spezifisch Lactalbumin, ein
Milchprotein, zu binden. Dieses hat selbst keinerlei katalytische Aktivität. Allerdings zeigt das freie Enzym ohne Lactalbumin eine viermal höhere Aktivität bei der Katalyse der Acetyl-
lactosaminbildung als der Enzym-Lactalbuminkomplex.

Acetyllactosamin-Synthetase katalysiert außerdem, wenn auch mit
einer wesentlich geringeren Geschwindigkeit, die Synthese des
Disaccharids Lactose.

UDP-Galactose + Glucose $\rightleftharpoons$ Lactose + UDP

Bei dieser Reaktion ist nun der Komplex mit Lactalbumin ungefähr 70mal effektiver als das freie Enzym ohne Lactalbumin. Die-

ser Wechsel in der Spezifität des Enzyms ist biologisch bedeutungsvoll.

Acetyllactosamin-Synthetase sitzt an der G o l g i -Membran und ist verantwortlich für die "Addition" von Zuckerresten an die Membran. Lactalbumin ist in den Zellen der Milchdrüse normalerweise nicht vorhanden. Kurz vor Initiierung der Lactation findet jedoch hormonell gesteuert an den Ribosomen des endoplasmatischen Reticulums der Milchdrüsenzellen eine erhöhte Proteinsynthese statt. Zu den gebildeten Proteinen gehört Lactalbumin, das vom endoplasmatischen Reticulum durch den cisternalen Raum zum G o l g i -Apparat wandert. Trifft ein Molekül Lactalbumin auf ein Molekül Acetyllactosamin-Synthetase, so schaltet das Enzym von der Produktion acetylierter Aminozucker zur Inkorporation in die Membran um auf die Produktion von Lactose, die von der Milchdrüse sezerniert wird und das Hauptkohlenhydrat der Milch darstellt. Lactalbumin, das von dem Enzym nur locker gebunden wird, wird ebenfalls mit der Milch abgegeben. Lactose- und Milchbildung hängen daher von der stetigen Lactalbuminproduktion ab, die ihrerseits zu dem Proteingehalt der Milch beiträgt. Wenn die Milchproduktion aufhört, übt das Enzym, das fest an die Membran gebunden ist, wieder seine ursprüngliche Funktion beim Aufbau der Membran aus.

5.4 Endprodukthemmung und die Kontrolle des Stoffwechsels

In diesem Buch wurde das Hauptgewicht auf einzelne Enzyme gelegt, auf ihre Strukturen und ihre Eigenschaften. Das letzte Ziel muß aber immer darin bestehen, die Rolle der Enzyme im Metabolismus der Zelle zu verstehen. Die meisten Enzyme katalysieren aus einer ganzen Folge von Reaktionen nur eine einzige Reaktion. Was interessiert, ist nun aber nicht so sehr diese Einzelreaktion, sondern das Gesamtergebnis der Sequenz.

Wir betrachten die Sequenz A → B → C → D → E → F. Man findet häufig, daß das Endprodukt einer Reaktionssequenz das Enzym inhibiert, das für die Katalyse der ersten Reaktion dieser Sequenz verantwortlich ist. In diesem Fall inhibiert F das Enzym, das

den Umsatz von A nach B katalysiert. Dieses Phänomen ist bekannt
als <u>negative Endprodukthemmung</u> (<u>negative feedback inhibition</u>).
Unterschreitet F einen bestimmten kritischen Schwellenwert, dann
kann die Hemmung vernachlässigt werden. Jenseits dieser Schwelle
steigt die Hemmung zunehmend mit der Konzentration von F an.
Hierdurch wird die Überproduktion von F vermieden.

Ein gut belegtes Beispiel einer Endprodukthemmung ist die Bildung von Isoleucin aus Threonin. Der erste Schritt dieser Reak-
tionskette besteht in der oxidativen Desaminierung von Threonin
durch das Enzym Threonin-Desaminase zu α-Ketobutyrat, das dann
in einer komplexen Reaktionsfolge zu Isoleucin umgesetzt wird.

$$\text{Threonin} \rightarrow \alpha\text{-Ketobutyrat} \rightarrow \rightarrow \rightarrow \rightarrow \rightarrow \rightarrow \text{Isoleucin}$$

Threonin-Desaminase wird spezifisch von hohen Isoleucinkonzentra-
tionen gehemmt. Diese Hemmung ist allosterisch. Bei einer flüch-
tigen Betrachtung könnte es so aussehen, als sei Isoleucin wegen
seiner strukturellen Ähnlichkeit mit Threonin ein kompetitiver
Inhibitor der Threonin-Desaminase. Dagegen spricht jedoch, daß
andere Aminosäuren dieses Enzym nicht hemmen, und daß die Hemmung durch Isoleucin eindeutig als eine allosterische Beeinflussung charakterisiert wurde. Durch diesen Mechanismus wird die
Überproduktion von Isoleucin vermieden und Threonin steht zur
Synthese anderer Aminosäuren zur Verfügung.

5.5 Hormonelle Kontrolle des Stoffwechsels - Glykogen-Abbau

Viele Hormone üben ihren Einfluß auf Schlüsselenzyme des Stoffwechsels über einen direkten oder indirekten allosterischen Effekt aus. Ein Beispiel hierfür ist die Mobilisierung von Zucker-
reserven als Antwort auf Streß bzw. einen zu niedrigen Blutzuk-
kerspiegel. Diese Mobilisierung vermitteln die Hormone Adrenalin
bzw. Glucagon. Die im Überschuß zu den tatsächlichen Erforder-
nissen des Körpers mit der Nahrung zugeführten Kohlenhydrate werden insbesondere in der Leber und der Muskulatur gespeichert,
und zwar in Form des komplex verzweigten Polysaccharids, Glykogen. Der unter Streßbedingungen erhöhte Energiebedarf des Kör-

pers wird im wesentlichen durch eine erhöhte Oxidation des Gly-
kogens befriedigt. Hierzu wird das Hormon Adrenalin ausgeschüttet.

Entsprechendes gilt auch unter ganz normalen Bedingungen, und
zwar insofern, als der Glucosespiegel im Blut innerhalb enger
Grenzen konstant gehalten werden muß. Sinkt der Spiegel, wird -
um den Glucosespiegel wieder anzuheben - Glucagon ausgeschüttet.

Der Abbau von Glykogen zu Glucose-1-phosphat wird durch Glykogenphosphorylase katalysiert:

$$\text{Glykogen + Phosphat} \rightleftharpoons \text{Glucose-1-phosphat}$$

Glykogenphosphorylase existiert in zwei Formen; die "a"-Form ist
immer aktiv und hat im Muskel ein Molekulargewicht von 500.000;
die "b"-Form ist normalerweise inaktiv und hat ein Molekulargewicht von 250.000. Die beiden Formen sind ineinander umwandel-
bar. Der Umsatz von b in a wird durch Phosphorylase-Kinase katalysiert. Diese Kinase existiert ebenfalls in zwei Formen, und die
Umwandlung ihrer inaktiven in ihre aktive Form erfordert zyklisches AMP, das aus AMP entsteht und strukturell dem bei der Ribo-
nucleasereaktion intermediär gebildeten zyklischen Phosphat entspricht. Adrenalin und Glucagon, die über die Blutbahnen trans-
portiert werden, werden in den Erfolgsorganen von spezifischen
Bindungsstellen der Zelloberflächen gebunden. Indem dies ge-
schieht, erhöht sich der zyklische AMP-Spiegel innerhalb der be-
troffenen Zellen; die Aktivität der Kinase steigt, und das Gleichgewicht zwischen Phosphorylase "a" und "b" verschiebt sich zu-
gunsten der aktiven "a"-Form, die den Glykogenabbau katalysiert.
Der Blutzuckerspiegel steigt. Das System ist in Abb. 31 zusammengefaßt.

Zyklisches AMP wird in ähnlicher Weise mit anderen hormonell kontrollierten Systemen in Zusammenhang gebracht. Es wird gelegentlich als sekundärer "messenger" bezeichnet. Das Hormon, der primäre "messenger", trifft auf sein Ziel, eine Zelle, und setzt innerhalb dieser Zelle zyklisches AMP frei, das einen direkten allosterischen Effekt auf ein bestimmtes Schlüsselenzym hat. Es ist

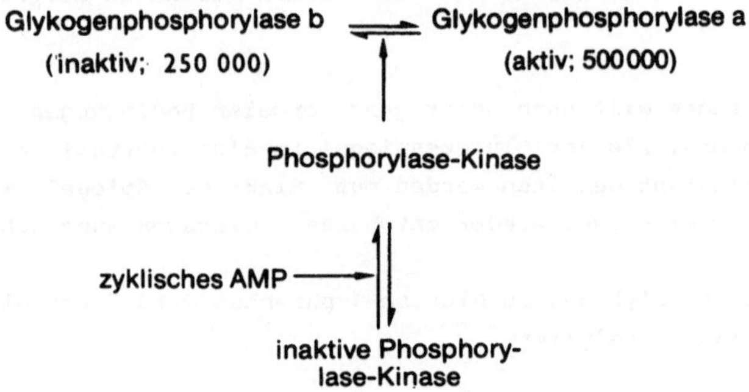

Abb. 31   Das Glykogenphosphorylase-System sowie dessen hormonelle Regulation.

aber keineswegs so, daß jeglicher hormonelle Einfluß durch zyklisches AMP vermittelt wird. Es gibt auch Fälle, bei denen ein
Hormon einen direkten allosterischen Effekt auf das Schlüsselenzym ausübt.

5.6   Zelluläre Organisation der Enzyme und Multienzymsysteme

Von den mehr als tausend bekannten Enzymen kann man bis zu fünf-
hundert in einer einzigen Zelle finden, obwohl nicht notwendiger-
weise alle Enzyme gleichzeitig aktiv sind. Es ist offensichtlich,
daß ein Chaos entstünde, wenn innerhalb der Zelle nicht eine gewisse strukturelle Organisation herrschte. So gibt es verschiedene spezielle Funktionen ausübende, subzelluläre Partikel, die
jeweils spezifische Enzyme enthalten. Beispielsweise sind die Enzyme des Tricarbonsäure-Zyklus und der Atmungskette in den Mitochondrien lokalisiert. Mitochondrien sind infolgedessen der Haupt-
sitz der Energieproduktion in der Zelle. Entsprechend enthält der
Zellkern die Enzyme, die für den Nucleinsäurestoffwechsel verantwortlich sind. Durch diese Kompartimentierung werden die Enzyme,
die in spezifischen Bereichen des Stoffwechsels tätig sind, zusammengefaßt, und der reibungslose Ablauf der Stoffwechselvor-

gänge wird so gewährleistet.

Stoffwechselwege können grob in zwei Typen eingeteilt werden. Bei
dem ersten Typ beobachtet man in der Reaktionssequenz viele Verzweigungen, die zu zahlreichen Endprodukten führen. Viele kataboli-
sche Sequenzen (d.h. Abbauwege) gehören diesem Typ an. Wir wollen die Oxidation von Glucose durch die glykolytische Sequenz betrachten. Der Beginn dieses Stoffwechselweges ist uneinheitlich,
und zwar insofern, als zahlreiche verschiedene Kohlenhydrate ein-
schließlich Glucose, Fructose und Glykogen als Startmaterial dienen können. Der Stoffwechselweg führt in der üblichen Darstellung
zu einem Umsatz dieser verschiedenen Ausgangsstoffe zu Pyruvat
und dann zu Acetyl-Coenzym A. Es gibt zahlreiche Verzweigungen
in diesem Stoffwechselweg, die zur Bildung essentieller Zellbe-
standteile führen, wie Glycerin und Aminosäuren. Das Schicksal
eines Glucosemoleküls, das in den Stoffwechsel eingeschleust
wird, hängt dabei sehr stark vom Stoffwechselzustand der Zelle
ab. Benötigt die Zelle Energie, wird Glucose zu Pyruvat umgesetzt; synthetisiert die Zelle aktiv Protein, wird Glucose dagegen zu Aminosäuren umgesetzt usw.. Die Entscheidung über die Verwendung eines Glucosemoleküls wird beim Durchlaufen der Reak-
tionskette von den jeweiligen Aktivitäten der Enzyme an den Verzweigungspunkten getroffen, und diese werden ihrerseits durch
solche Mechanismen wie die Endprodukthemmung beeinflußt. Hohe
ATP-Konzentrationen begünstigen den Umsatz der Glucose zu einigen Aminosäuren, da die ATP-Konzentration ein Maß für die vorhandene Energie der Zelle ist. Die Enzyme aller verzweigten Stoffwechselwege sind löslich und daher ist die freie Wanderung des
Substrats von einem Enzym zu dem nächsten in der Sequenz möglich.
Die Verhältnisse der jeweiligen Enzymaktivitäten sind die kon-
trollierenden Faktoren in den Verzweigungspunkten.

Bei dem zweiten Typ beobachtet man eine lineare Sequenz von Reaktionen, die zu einem einzigen spezifischen Endprodukt führt.
In diesen Fällen sind die Enzyme eines Stoffwechselweges oft in
einem großen, relativ unlöslichen Multienzymkomplex assoziiert.
Ein gut erforschtes Beispiel ist die Fettsäurebiosynthese. Der
Elementarvorgang der Fettsäurebiosynthese soll grob vereinfachend
anhand der Synthese einer Fettsäure aus vier Kohlenstoffatomen

verdeutlicht werden. Diese kann man sich entstanden denken durch
die Kondensation zweier Moleküle mit je zwei Kohlenstoffatomen.
In Wirklichkeit wird die eine der zwei Kohlenstoffeinheiten zunächst zu einer 3-Kohlenstoffeinheit umgesetzt, die sich dann
mit einem 2 Kohlenstoffatome enthaltenden Molekül zu einer C5-Ver-
bindung verknüpft. Diese verliert ein Kohlendioxid und wird zu
einem 4-Kohlenstoff-Molekül, das dann in zwei Schritten zu einer
gesättigten Fettsäure reduziert wird. Dieser Vorgang wird so oft
wiederholt, bis die endgültige Kettenlänge der Fettsäure aufgebaut ist. Abb. 32 zeigt, daß an diesem Vorgang sieben Enzyme beteiligt sind. Die Darstellung der Fettsäure-Synthetase in diesem
Diagramm zeigt infolgedessen einen Aufbau aus sieben Untereinheiten. Sind diese in der richtigen Reihenfolge angeordnet, so
kann ein Substratmolekül von einem Enzym zum nächsten in einer
kontrollierten und höchst effektiven Weise weitertransportiert
werden. Viele anabolische Vorgänge folgen diesem Typ.

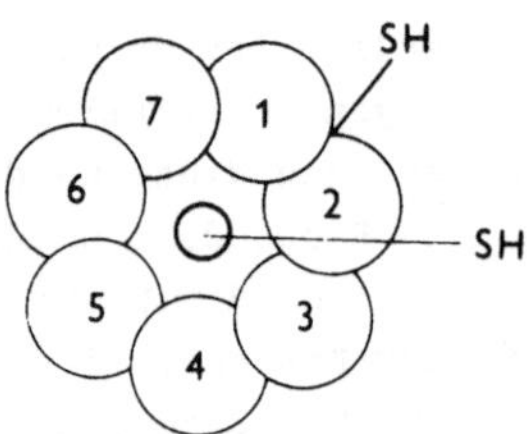

Abb. 32   Der Fettsäure-Synthetase-Multienzymkomplex und die von
           jedem einzelnen Enzym katalysierte Reaktion.
           1. Übertragung der 3C-Einheit auf die zentrale SH-Grup-
           pe. 2. Übertragung der 2C-Einheit auf die periphere
           SH-Gruppe. 3. Kondensation. 4. Erste Reduktion.
           5. Dehydrierung. 6. Zweite Reduktion. 7. Übertragung
           des Produktes auf die Untereinheit 2.

Integration und Kontrolle des Stoffwechsels hängen von den Eigenschaften der einzelnen Enzyme ab, von ihrer subzellulären Lokalisation und von der räumlichen Orientierung der Enzyme innerhalb dieser Partikel. Diese verwickelte und extrem komplexe Maschinerie erlaubt es der Zelle, reibungslos zu funktionieren und auf innere und äußere Reize zu reagieren.

Literaturverzeichnis

BERNHARD, S.A. (1968). The structure and function of enzymes. W.A. Benjamin, New York.

CHANGEUX, J.P. (1965). The control of biochemical reactions. Scientific American Offprint No. 1oo8. Freeman, K., San Francisco.

COHEN, G. (1968). The regulation of cell metabolism. Holt, Rinehart and Winston, New York.

DIXON, M. and WEBB, E.C. (1964). Enzymes. Longmans, London.

HIRS, C.H.W. (ed.) (1967). Methods in Enzymology, Volume 10, Enzyme structure. Academic Press, New York.

KENDREW, J.C. (1961). The three-dimensional structure of a protein molecule. Scientific American Offprint No. 121. Freeman, San Francisco.

NEURATH, H. (1964). Protein-digesting enzymes. Scientific American Offprint No. 198. Freeman, San Francisco.

PHILLIPS, D.C. (1966). The three-dimensional structure of an enzyme. Scientific American Offprint No. 1o55. Freeman, San Francisco.

SETLOW, R.B. and POLLARD, E.C. (1962). Molecular Biophysics. Addison-Wesley, London.

STEIN, W.H. and MOORE, S. (1961). The chemical structure of proteins. Scientific American Offprint No. 8o, Freeman, San Francisco.

WESTLEY, J. (1969). Enzymic Catalysis. Harper and Row, London.

Teubner Studienbücher Fortsetzung

Mathematik

Ansorge: **Differenzenapproximationen partieller Anfangswertaufgaben**
298 Seiten. DM 29,80 (LAMM)

Böhmer: **Spline-Funktionen**
Theorie und Anwendungen. 340 Seiten. DM 28,80

Clegg: **Variationsrechnung**
138 Seiten. DM 17,80

Collatz: **Differentialgleichungen**
Eine Einführung unter besonderer Berücksichtigung der Anwendungen
5. Aufl. 226 Seiten. DM 22,80 (LAMM)

Collatz/Krabs: **Approximationstheorie**
Tschebyscheffsche Approximation mit Anwendungen. 208 Seiten. DM 28,—

Constantinescu: **Distributionen und ihre Anwendung in der Physik**
144 Seiten. DM 18,80

Fischer/Sacher: **Einführung in die Algebra**
2. Aufl. 240 Seiten. DM 18,80

Grigorieff: **Numerik gewöhnlicher Differentialgleichungen**
Band 1: Einschrittverfahren. 202 Seiten. DM 16,80
Band 2: Mehrschrittverfahren. 411 Seiten. DM 29,80

Hainzl: **Mathematik für Naturwissenschaftler**
2. Aufl. 311 Seiten. DM 29,— (LAMM)

Hilbert: **Grundlagen der Geometrie**
12. Aufl. VII, 271 Seiten. DM 22,80

Jaeger/Wenke: **Lineare Wirtschaftsalgebra**
Eine Einführung
Band 1: XVI, 174 Seiten. DM 19,80 (LAMM)
Band 2: IV, 160 Seiten. DM 19,80 (LAMM)

Kall: **Mathematische Methoden des Operations Research**
Eine Einführung. 176 Seiten. DM 22,80 (LAMM)

Kochendörffer: **Determinanten und Matrizen**
IV, 148 Seiten. DM 17,80

Kohlas: **Stochastische Methoden des Operations Research**
192 Seiten. DM 24,80 (LAMM)

Krabs: **Optimierung und Approximation**
208 Seiten. DM 25,80

Stiefel: **Einführung in die numerische Mathematik**
5. Aufl. 292 Seiten. DM 24,80 (LAMM)

Stummel/Hainer: **Praktische Mathematik**
299 Seiten. DM 28,80

Topsøe: **Informationstheorie**
Eine Einführung. 88 Seiten. DM 12,80

Velte: **Direkte Methoden der Variationsrechnung**
Eine Einführung unter Berücksichtigung von Randwertaufgaben bei partiellen
Differentialgleichungen. 198 Seiten. DM 25,80 (LAMM)

Fortsetzung auf der 3. Umschlagseite

Teubner Studienbücher Fortsetzung

Mathematik Fortsetzung

Walter: **Biomathematik für Mediziner**
148 Seiten. DM 14,80

Witting: **Mathematische Statistik**
Eine Einführung in Theorie und Methoden. 3. Aufl. 223 Seiten. DM 26,80 (LAMM)

Mechanik

Becker: **Technische Strömungslehre**
Eine Einführung in die Grundlagen und technischen Anwendungen
der Strömungsmechanik. 4. Aufl. 152 Seiten. DM 16,80

Becker/Bürger: **Kontinuumsmechanik**
Eine Einführung in die Grundlagen und einfache Anwendungen
228 Seiten. DM 29,– (LAMM)

Becker/Piltz: **Übungen zur Technischen Strömungslehre**
120 Seiten. DM 12,80

Hahn: **Bruchmechanik**
Einführung in die theoretischen Grundlagen. 221 Seiten. DM 34,– (LAMM)

Magnus: **Schwingungen**
Eine Einführung in die theoretische Behandlung von Schwingungs-
problemen. 3. Aufl. 251 Seiten. DM 24,80 (LAMM)

Magnus/Müller: **Grundlagen der Technischen Mechanik**
2. Aufl. 300 Seiten. DM 26,80 (LAMM)

Müller/Magnus: **Übungen zur Technischen Mechanik**
292 Seiten. DM 26,80 (LAMM)

Wieghardt: **Theoretische Strömungslehre**
Eine Einführung. 2. Aufl. 237 Seiten. DM 26,80 (LAMM)

Geographie

Bahrenberg/Giese: **Statistische Methoden und ihre Anwendung in der Geographie**
308 Seiten. DM 29,80

Born: **Geographie der ländlichen Siedlungen**
Band 1: Die Genese der Siedlungsformen in Mitteleuropa
228 Seiten. DM 26,80

Herrmann: **Einführung in die Hydrologie**
151 Seiten. DM 22,80

Müller: **Tiergeographie**
Struktur, Funktion, Geschichte und Indikatorbedeutung von Arealen
268 Seiten. DM 28,80

Semmel: **Grundzüge der Bodengeographie**
120 Seiten. DM 24,80

Weischet: **Einführung in die Allgemeine Klimatologie**
Physikalische und meteorologische Grundlagen
256 Seiten. DM 28,–

Windhorst: **Geographie der Wald- und Forstwirtschaft**
204 Seiten. DM 28,80

Preisänderungen vorbehalten